AF462156

TRAITÉ

SUR LA CULTURE

DE

L'ŒILLET FLAMAND,

PAR LE BARON DE PONSORT,

MEMBRE DE PLUSIEURS SOCIÉTÉS D'AGRICULTURE ET D'HORTICULTURE FRANÇAISES ET ÉTRANGÈRES;

DÉDIÉ AU COMTE ROY,

Pair de France.

Si Galien et l'art me condamne à la mort,
OEillet, par tes vertus, fais que je vive encor.

PARIS.

IMPRIMERIE DE FAIN ET THUNOT,

RUE RACINE, 28, PRÈS DE L'ODÉON.

1841.

A Monsieur le Comte Roy,

Pair de France.

Son très-humble serviteur,

Baron de Ponsort.

TRAITÉ

SUR LA

CULTURE DE L'OEILLET FLAMAND.

INTRODUCTION.

La culture des fleurs a pris en France une très-grande extension dans ces derniers temps. Objet de luxe pour les grandes fortunes, l'horticulture plaît encore à ceux qui cherchent un délassement à leurs travaux.

L'œillet, après avoir joui autrefois d'une grande faveur, avait presque disparu de nos jardins. On y revient aujourd'hui, car la vogue du dahlia, qui certes ne pouvait lui être comparé, commence à s'affaiblir, et dans peu il sera abandonné.

Cette inconstance se conçoit d'ailleurs, car ne voyons-nous pas tous les jours dédaigner nos plus belles fleurs pour des plantes exotiques, souvent insignifiantes, mais fort chères, que la mode, ce tyran auquel nous devons nous soumettre, nous oblige en quelque sorte à cultiver par suite de la mystérieuse tendance qui entraîne l'homme sans cesse vers l'inconnu ?

L'œillet, susceptible de donner par sa culture des variétés à l'infini, est aussi riche en couleur que la tulipe, qui lui a emprunté la richesse de son coloris, tandis que son parfum le dispute à la rose. Aussi a-t-il été surnommé *la fleur des dieux,* comme la rose est surnommée *la fleur des belles*

Ce n'est qu'en Flandre (chez les amateurs seulement) qu'il faut aller étudier la culture des œillets. Nos horticulteurs en France, et surtout à Paris, obligés qu'ils sont de consulter la mode et le goût du jour, ne donnent pas assez d'attention à la culture de l'œillet, et généralement celui qui n'a pas voyagé à l'étranger peut à peine se faire une idée de la richesse des collections d'œillets qu'on y admire.

En Flandre, j'ai été à même de visiter des amateurs qui ont commencé leur collection il y a vingt, trente et quarante ans, et qui, la suivant avec une persévérance non interrompue, l'augmentent chaque année au moyen de nombreux semis. J'en ai vu un, M. Loridan d'Armentières, sans contredit le plus riche en résultats, qui, depuis quarante-cinq ans, fait chaque année des semis sur plus d'un hectare.

M'étant mis en rapport avec eux, ils ont bien voulu m'initier à leurs procédés, et, cultivant moi-même en grand cette jolie plante, j'ai dû aussi avoir recours aux ouvrages anciens publiés sur cette fleur tant en France qu'à l'étranger.

Il m'a été facile de voir qu'on ne possédait rien de complet sur la culture des œillets, et qu'en conservant ce que les anciens ouvrages présentaient d'observations utiles et y réunissant ce qui se pratique aujourd'hui, on pouvait arriver à faire connaître les moyens de cultiver partout en France les œillets avec le même succès qu'en Flandre.

J'ai dû céder aux instances réitérées d'un grand nombre d'amateurs qui me demandaient un ouvrage sur la culture des œillets qu'ils ont admirés chez moi; je me suis décidé, non sans quelque hésitation, à livrer à l'impression le résultat de mes observations et de l'expérience que j'ai acquise dans cette branche de l'horticulture.

J'entre en matière.

L'œillet *primitif*, le véritable œillet de Flandre, est rare, *très-rare*. On le reconnaît à la pureté de son fond; à la richesse de son coloris; à ses pétales parfaitement arrondis, marqués longitudinalement de trois couleurs, ce qui caractérise sa beauté; à la forme de la fleur à laquelle aucune autre espèce ne peut être comparée.

Quelques soins que prenne l'horticulteur, les plus belles espèces dégénèrent et finiront par se perdre. Le temps agit sur les plantes comme sur le règne animal; aussi nous voyons souvent, malgré tous nos soins, les plus beaux œillets dégénérer, et d'autres, qui n'offraient d'abord rien de remarquable, devenir très-beaux l'année suivante : les desseins mystérieux de la Providence déconcertent les prévisions humaines.

Une des causes qui entraîneront infailliblement l'incomparable œillet flamand à une perte certaine, c'est l'introduction en France, depuis quelque temps, de l'œillet di de fantaisie importé d'Angleterre.

Pour que celui-ci soit beau, il faut qu'il soit dentelé, sablé, bordé de couleur tranchante sur un fond jaune.

Ces perfections sont autant de titres de réprobation pour l'œillet flamand.

Quelques précautions que puisse prendre l'horticulteur le plus soigneux, rien ne peut préserver la semence de ses œillets flamands de la dégénération que cause le contact du pollen transmis soit par les abeilles, cette peuplade si industrieuse, soit par les vents.

Quand bien même la culture des œillets de fantaisie ne serait pas très-rapprochée des lieux où l'on cultive l'œillet flamand, il suffit qu'il s'en trouve des premiers dans un certain rayon pour abâtardir l'espèce, et Dieu sait que partout on rencontre de ces jolies miniatures, car, nous devons en convenir, l'œillet de fantaisie est très-recherché aujourd'hui parce qu'il est facile de culture, de conservation et de reproduction, tandis que l'œillet flamand réclame des soins assidus et raisonnés.

On ne peut se faire une idée des soins que prennent les amateurs qui possèdent des œillets *primitifs*, pour les préserver de cette ruine affreuse, et reproduire les espèces soit par marcottes, soit par boutures prises sur les *mères* plantes qu'ils entourent de tous les soins minutieux nécessaires à leur précieuse conservation.

A l'aide de ce petit traité, l'œillet flamand entrera désormais dans le domaine de tous ceux qui voudront le cultiver. Je donnerai des conseils utiles pour le diriger, le reproduire, etc., car il exige des soins et des soins de chaque jour ; mais avec de la persévérance on vient à bout de tout.

Un ancien auteur flamand, plein d'enthousiasme pour la fleur par excellence de son pays, appelle l'œillet la *fleur des fleurs,* digne d'être offerte aux plus grandes princesses du monde ; outre ses brillantes qualités, elle en a d'autres admirables dans l'économie domestique et même dans la médecine, car l'œillet est cordial, cataleptique et provoque à la transpiration. Il est un remède contre l'épilepsie et un baume contre le venin.

Si Galien et l'art me condamne à la mort,
OEillet, par tes vertus fais que je vive encor.

CHAPITRE PREMIER.

De la terre propre aux œillets flamands.

Les premiers fleuristes qui se sont occupés des œillets, loin de faire connaître les procédés simples, se sont plu au contraire à en éloigner les amateurs en leur faisant croire que chaque fleur réclamait une composition de terre différente ; de là, le dégoût de cultiver l'œillet, quoiqu'il fût justement apprécié de tout le monde. Tandis qu'il ne s'agit que de donner à tous une bonne terre qui leur soit propre en général : chaque espèce trouvera dans sa substance les sucs qui lui sont analogues, selon la disposition de ses organes. Il est vrai que chaque pays a des productions qui lui sont particulières, et que les œillets réussissent mieux en Flandre que partout ailleurs. Ce n'est pas cependant qu'on ne trouve des terres propres à leur culture dans un pays comme dans l'autre, cela dépend plus de la différence du climat que de la terre. Cependant, avec certains procédés découverts par la pratique, et des soins continus, il est possible de les cultiver et de réussir avec presque autant de succès.

Ces soins consistent en général dans la façon de cultiver à propos et dans le choix de la meilleure terre prise dans le pays qu'on habite.

En général, la terre qui est propre aux œillets flamands est celle rejetée par les taupes; elle doit être prise dans des prairies où l'eau ne séjourne pas, être jaune ou grisâtre, conservée un an sous un hangar ; alors elle devient légère. Cette terre doit être, au mois d'août, passée à la claie d'osier, mélangée d'un tiers de terreau vieux bien passé, et exposée au soleil en un tas carré soutenu de chaque côté par des planches, être recouverte d'une couche de sept à huit pouces de fumier frais ou crottin de cheval ; de sorte que les pluies douces qui tombent jusqu'au moment où on la rentre sous le hangar, dans les premiers jours de janvier, viennent imbiber ce fumier et par infiltration communiquer son suc à la terre.

Il est à propos tous les ans de changer ses terres, c'est-à-dire de les tirer de localités différentes, ne fût-ce qu'à deux et trois lieues, car les sels différents que ces plantes trouvent ainsi leur donnent en quelque sorte une végétation nouvelle et vigoureuse.

Il faut se garder de tamiser trop fin ses terres, ce qui affrianderait trop les plantes, et les réduirait à un excès de délicatesse qui, par la suite, les ferait dégénérer plus tôt.

La première préparation des terres faite en août, comme je l'ai dit, au moyen d'une claie en osier, au moment du rempotage, qui sera indiqué en son lieu, vous repassez encore cette terre qui s'est ameublie sous le hangar, depuis les premiers jours de janvier, où vous avez dû la rentrer après l'avoir tamisée avec une claie médiocrement fine. Tel est le degré qui convient aux œillets, en voici la raison :

Plus une terre est fine, plus les sels qu'elle contient sont fins et délicats; par conséquent les œillets qu'on y plante poussent leur chevelu infiniment plus délié, du chevelu s'ensuivent les racines, des racines le pivot ou radicule, du pivot la tige, de la tige dépendent les boutons, et enfin les fleurs, d'où il suit évidemment que les fleurs sont toujours infiniment plus petites. Si la température est contraire, les plantes étant plus délicates, elles sont plus sujettes aux maladies.

CHAPITRE II.

Des pots convenables aux œillets flamands.

Avant de traiter du rempotage, il faut faire connaître les pots qui conviennent à cette plante, car leur forme et leur dimension sont indispensables pour arriver à un succès complet. (Cependant ce n'est pas que les œillets flamands ne réussissent fort bien dans d'autres pots, mais ceux que nous désignons sont ceux qui leur conviennent le mieux, et où ils acquièrent une beauté parfaite.)

La forme et la dimension de ceux admis en Flandre, après une expérience pratique de plus de quarante ans, sont indiquées en la planche annexée à cet ouvrage; la hauteur, comme on le verra, est de 8 pouces, la largeur du haut de 5 pouces 1/2, et celle du bas de 5 pouces, avec deux anses de chaque côté qui en facilitent le transport.

Il existe un rebord supérieur faisant saillie arrondie de l'épaisseur de 6 lignes, il s'en trouve un également à la partie inférieure, formant le cul du pot, de la même épaisseur, d'un pouce de hauteur saillant et s'élargissant, ce qui donne une assiette plus ferme et plus de facilité pour l'écoulement des eaux. Le fond doit être percé d'un trou de la grosseur du petit doigt, mais il faut avoir soin de bien recommander aux fabricants que ce trou soit percé en dedans pour que la partie intérieure soit concave, et non en dehors, comme les ouvriers en ont la mauvaise habitude, comme étant plus facile, ce qui rend la partie convexe, et maintient les eaux au lieu de faciliter leur écoulement.

Il est préférable de faire percer les pots de deux ouvertures sur les côtés, longues de 6 lignes et larges de 3 lignes; cette méthode est préférable à la première, en ce sens que le pot, posé sur la terre, ne risque pas de se boucher, quelque garni qu'il soit d'une écaille d'huître, et empêcher par là l'écoulement des eaux. Mais il ne faut faire percer que deux ouvertures, car trois faciliteraient trop promptement l'écoulement, et par cela même nuirait à la plante; alors le fond du pot, au lieu d'être concave, devra être convexe, ou, pour me faire mieux comprendre, sera bombé au lieu d'être en cuvette: cela se conçoit pour diriger l'écoulement des eaux par les ouvertures latérales.

CHAPITRE III.

—

Du rempotage.

C'est ici le point capital, car la manière de rempoter les œillets avec dextérité ne contribue pas peu à leur accroissement, c'est de là que dépend tout le succès qu'on en attend.

Une terre bien préparée est sans contredit la science fondamentale, non-seulement pour les œillets, mais pour toutes les plantes en général, puisqu'elle leur sert de nourriture à tous.

Les terres étant préparées comme il est dit au premier chapitre, vous avez soin qu'elles ne soient ni trop humides, ni trop sèches, ce dernier cas serait préférable, car une terre trop humide occasionne à l'œillet ce qu'on appelle vulgairement le *blanc*, colle ses racines et y met la pourriture, si on n'y porte promptement remède en procédant à un nouveau rempotage.

Les pots dont on doit se servir, s'ils ne sont vieux, doivent avoir au moins passé l'hiver à l'air libre pour leur ôter le feu du four, mortel pour les œillets : mais si vous doutez de l'ancienneté de vos pots, prenez-en, pour vous en convaincre, deux ou trois que vous mettrez dans une pierre à puits remplie d'eau ; s'ils sont neufs, vous verrez l'eau bouillonner aussitôt et prendre une teinte livide, tandis qu'elle ne recevra aucune altération si vous avez opéré avec de vieux pots. Or si vos pots sont reconnus neufs et qu'un besoin pressant vous empêche de leur laisser jeter leur feu au grand air le temps voulu, alors usez du procédé que je viens de vous indiquer au moyen de la pierre à puits, laissez-les sécher vingt-quatre heures, puis servez-vous-en ; j'emploie ce moyen de préférence parce qu'il est plus expéditif.

L'ouverture du fond du pot, ou les deux ouvertures de côté, si l'on préfère ma méthode, doivent être garnis d'écailles d'huîtres pour faciliter l'écoulement des eaux.

Cette première et principale opération faite, vous garnissez vos pots d'un tiers environ de crottin pur de cheval, ce qui facilite encore l'écoulement des eaux en les tamisant, échauffe la plante en se décomposant, puis ensuite vous remplissez le tiers de vos pots avec votre terre préparée, vous l'affaissez bien légèrement avec la main, et les remplissez ensuite tout à fait.

La marcotte, avant d'être dépotée, aura dû être dégagée de toutes les fannes flétries, tenue proprement et le plus sèchement qu'il se pourra, pourvu qu'elle n'en souffre pas, afin qu'on puisse sans peine, en renversant le pot, la détacher sans se servir d'instrument. Cela se pratique aisément en prenant chaque pot par le fond avec la main droite, et soutenant tout le volume de la main gauche en introduisant les doigts élargis à travers les marcottes dont le tout ne forme qu'un gazon.

Vous déposez ensuite le tout par terre sur le côté, et séparez le gazon juste dans son milieu.

Si les marcottes ont été bien nourries pendant l'hiver, elles auront rempli les pots de racines, dont il faudra couper la superficie tout autour.

Vous posez ensuite droit par terre le gazon coupé pour opérer la division des marcottes qu'il contient; vous ferez usage d'un couteau à lame fine, large et très-tranchant (j'ai l'habitude de me servir de couteaux dont se servent les cuisiniers pour trancher leur lard : ces couteaux sont larges, très-flexibles, ayant le dos et le tranchant à peu près de la même épaisseur) pour ne pas blesser les racines en les déchirant, et occasionner par là la pourriture.

Il faudra donc diviser ce gazon en portions égales au nombre de marcottes qu'il contiendra, et cela avec le plus de précision possible pour ne pas blesser ni déranger aucune marcotte.

Gardez-vous bien surtout de tomber dans l'erreur de beaucoup de personnes, en supprimant le jeune ou nouveau chevelu qui pique blanc au retour du printemps, avant de les replanter dans l'espoir que les marcottes reprendront mieux ; car ce serait une perte qui altérerait ces jeunes plantes et qu'elles devraient réparer.

Vos pots remplis comme je viens de le prescrire, les marcottes séparées et disposées, vous ôterez assez de terre hors de chaque pot à mesure que vous rempoterez, pour faire place d'autant au gazon de chaque marcotte que vous voudrez y planter, en ayant soin de ne l'enfoncer qu'à un pouce de profondeur tout au plus, ce qu'il est essentiel d'observer, car, en l'enfonçant plus profondément, vous leur occasionneriez la pourriture.

L'horticulteur doit se réjouir quand, en mai, il voit les racines d'un œillet ramper sur la superficie de la terre.

Il est des espèces d'œillets dont les nœuds sont plus serrés les uns que les autres ; en ce cas, on ne doit les enfoncer que d'un demi-pouce, et à ceux-ci il faut avoir soin, tous les mois, surtout dans l'été, d'y ajouter une ligne de hauteur de terre nouvelle, pour mettre ces nouvelles racines à l'abri des impressions de l'air et des ardeurs du soleil.

Il faut entasser la terre *au ferme* sans cependant offenser la plante qui, trop à l'aise, ne donnerait jamais de belles fleurs ; c'est une expérience reconnue qu'un œillet empoté, tenu à l'aise, soutient à peine sa tige, ses fleurs durent à peine huit jours, tandis que l'autre est plus robuste, sa tenue est plus noble, toutes les fibres dont il est composé ayant infiniment plus de force, sa tige étant plus roide, ses fleurs sont plus belles, plus larges, et durent trois fois plus. La preuve la plus convaincante, qu'aucun fleuriste ne contestera, c'est que les œillets élevés en pots donnent des fleurs beaucoup plus larges que ceux cultivés en pleine terre, ce que nous appelons *parc*.

Ayez soin que la terre se trouve en talus ou dos d'âne, de façon qu'un œillet rempoté la terre du milieu se trouve élevée de 5 à 6 lignes de plus que les bords du pot. Vous pratiquez avec les pouces une espèce de rigole autour du pot, ce qui tient les plantes sèches et fait regorger les eaux trop abondantes.

Une observation, pour ainsi dire inutile, est celle d'avoir soin de planter sa marcotte dans le milieu du pot, ce qui lui donne une meilleure tenue et flatte le coup d'œil.

On évitera avec soin de tomber dans l'erreur de beaucoup d'horticulteurs, de placer du terreau sur les pots des œillets rempotés ; les pluies d'orage qui surviennent font sauter ce terreau entre le corps de l'œillet et les fannes et leur occasionne le chancre.

La marcotte placée, vous lui donnerez de suite un petit tuteur provisoire de 8 pouces gros comme une forte allumette, pour l'assujettir et indiquer la place que devra occuper le tuteur définitif dont, en avril, la plante aura besoin d'être pourvue.

Vous arroserez légèrement vos œillets rempotés ; il serait préférable de les mettre modérément à une pluie douce, s'il en faisait ; j'ai l'habitude, pour arroser mes œillets, de me servir d'une seringue percée de trous de l'épaisseur d'un crin de cheval (celle qui me sert à arroser mes camélias), en injectant l'eau de haut pour qu'elle retombe en pluie. L'importance de ce procédé est trop palpable pour avoir besoin de l'expliquer davantage.

CHAPITRE IV.

De la conduite des œillets, de leur rempotage à leur floraison.

MARS, AVRIL, MAI ET JUIN.

MARS.

Votre rempotage opéré dès le premier jour, qu'il gèle ou non, rentrez vos pots après les avoir arrosés comme je l'ai déjà dit, soit en orangerie, soit dans tout autre endroit à l'ombre, et à l'abri des gelées si elles sont encore fortes comme il arrive dans ce mois: tenez-les-y douze jours, puis. si le temps le permet, sortez-les et exposez-les au vivifiant soleil de mars, sans crainte et en dépit du sot préjugé qui faisait penser que les premiers rayons solaires de ce mois leur étaient mortels: ne vous inquiétez pas non plus des petites gelées passagères qui apparaissent encore fréquemment dans ce mois et celui qui le suit, si toutefois pendant l'hiver vous n'avez pas tenu vos œillets trop mollement, car au contraire les variations de température, loin de leur être nuisibles, arrêtent leur végétation, et les empêchent de pousser leur dard trop rapidement, ce qui leur donne une tige effilée qui ne fournit que de petites fleurs et de peu de durée.

Si, comme je viens de le dire, vous les portez à l'air libre, les gradins qui les recevront seront exposés au midi, garantis surtout des vents du nord et de bise qui sont leurs plus mortels ennemis. Si vous n'avez des abris naturels contre ces vents destructeurs, et j'appelle abris naturels les hauts murs, les meilleurs de tous, ou des massifs élevés d'arbres résineux, tels que thuias et mélèzes : alors formez-en au moyen de paillassons assujettis contre des perches solidement implantées et de manière que vos paillis dépassent de 6 pieds au moins vos pots.

AVRIL.

Ce mois se ressent déjà du retour des beaux jours, quoique de temps à autre il survienne encore des frimas ; vous devez visiter avec soin vos œillets, les tenir dans un parfait état de propreté, leur ôter les feuilles mortes ou fanées : cette opération ne se rattache pas seulement à ce mois, elle est indispensable pendant tout le temps de la végétation. Car, encore bien que plus tard cette rigoureuse propreté que nous réclamons pour les marcottes dans les premiers mois de leur rempotage et qui leur est indispensable, ne soit pas d'une rigoureuse nécessité dans les mois de juin et juillet, un horticulteur soigneux de ses plantes doit toujours les tenir dans un état de propreté recherchée; il y trouvera gloire et profit, car la propreté est au règne végétal ce qu'elle est au règne animal.

C'est dans ce mois que les marcottes prennent leur développement, suivez-en la marche attentivement et ayez soin de supprimer les petites marcottes *nouées* qui se forment au pied, et qu'on nomme en terme de fleuristes *gros-cul*, car elles se forment en mousse dégénérant en chancres, perçant la plante de part en part en fort peu de temps et la font périr.

Vos arrosements doivent être fort modérés dans ce mois, et n'avoir lieu qu'autant que la température serait très-élevée, car ordinairement l'humidité de ce mois suffit largement aux œillets qui absorbent cette humidité par leurs pores.

Et si toutefois, le cas échéant, vous avez besoin d'avoir recours aux arrosements pour rafraîchir vos plantes, faites usage d'eau tirée d'avance, exposée au soleil pour la dégager de sa crudité jusqu'au soir, moment d'opérer vos arrosements. Cette eau doit être limpide et sans mauvaise odeur.

Il en est des œillets comme de toutes les autres plantes qui absorbent plus les unes que les autres ; c'est à vous ou à celui que vous avez chargé du soin de gouverner vos plantes, de visiter celles qui ont besoin d'être rafraîchies sans les arroser toutes en même temps sans discernement. Quelques soins que vous preniez, il n'est pas que dans une nombreuse collection, il ne se trouve des sujets qui languissent, soit qu'ils soient atteints de la gale, ou du blanc, ou de la pourriture : alors ayez soin de porter un prompt remède à ceux qui sont attaqués, surtout si ce sont des œillets dont vous fassiez cas. Plusieurs moyens sont employés, le premier de tous est de les rentrer en serre, de les tenir secs pendant quinze jours. Si ce moyen ne les rappelle pas à une végétation nouvelle, il faut, comme moyen extrême, leur retrancher le maître dard et le mettre avec leurs mottes en parc sur une couche usée ; cette perte, quelque pénible qu'elle soit pour l'horticulteur, après toutes les peines qu'il s'est données, n'a rien qui doive le surprendre, car c'est une suite des vicissitudes humaines : aussi a-t-il eu soin, comme cela doit être, d'avoir toujours cinq ou six sujets de la même espèce pour parer aux événements. Souvent les sujets malades mis en parc reprennent vigueur et ne donnent que de faibles fleurs, c'est déjà un signe de vie, et l'année suivante ils vous dédommagent, par les marcottes que vous avez tirées, de la privation de leurs fleurs.

Il arrive encore que dans le nombre de vos marcottes, malgré le choix que vous avez fait des plus belles, quelques-unes restent dans l'inaction, sans que l'on puisse en connaître la cause.

Vers la fin de mai, sacrifiez leur faible dard, opération qui se pratique en le cassant au nœud même à partir de la marcotte pour comprimer la sève : les plantes se fortifieront, elles produiront des marcottes de toutes parts, et en juillet elles seront plus fortes que celles de vos plantes les plus vigoureuses qui vous auront donné des fleurs ; quelques-unes vous en donneront même en août ou en septembre : d'autres viendront, par les fleurs qu'elles vous donneront au milieu de l'hiver, vous dédommager amplement.

Cet incident a même été utile à l'horticulture; car il a amené quelques fleuristes à en tirer parti avec avantage, surtout dans une saison où on est en deuil de ces admirables fleurs. De là vient aussi que quelques amateurs, pour en jouir plus longtemps, marcottent à des intervalles de quinze, vingt, trente jours, quelques pieds d'œillets qui alors ne fleurissent que tardivement. Nous en reparlerons, quand il s'agira de la reproduction par marcottes.

MAI.

Dès les premiers jours de ce mois les marcottes font développer leur pousse, la tige a déjà atteint un pied de hauteur, c'est alors que vous devez leur donner le tuteur définitif qui doit protéger la plante tout le restant de l'année. Ce tuteur doit remplacer celui que vous avez eu soin de donner aux marcottes en les rempotant. Il doit être d'un bois droit et sans nœuds; quelques amateurs jusqu'alors avaient pour plus de durée préféré le tuteur en fer, c'est une erreur grossière: 1° parce qu'il s'oxyde en terre, et que, rapproché des racines qui par leur développement successif finissent par l'entourer, il leur communique la pourriture; 2° parce que continuellement balancé par les vents, la partie fichée en terre, quand même vous l'auriez entée sur bois, contrarie continuellement la plante, et parvient par son oscillation à la déraciner, car le fer n'ayant aucune flexibilité, l'équilibre ne peut avoir lieu. Le tuteur le plus convenable est celui d'osier, de dronet, de noisetier, ou de puème blanche, ces bois étant droits, lisses, flexibles; vous les peignez en vert, chose économique que vous pouvez faire vous-même, et les assujettissez au moyen d'anneaux, d'après mon procédé reconnu le meilleur, celui qui économise le temps et est le moins dispendieux. (Voir la planche.) Ce mode est reçu partout en France et à l'étranger. Pour le faire mieux connaître et apprécier, il sera le sujet d'un article à part dans ce traité et auquel vous vous reporterez.

Au moment d'introduire le tuteur que votre goût vous aura fait préférer, apportez les plus grands soins pour le poser. Cette opération demande beaucoup d'attention pour ne pas blesser les racines des marcottes et les faire périr de la pourriture.

Vous enlevez le tuteur provisoire, qui jusqu'a lors avait protégé votre jeune marcotte ; le trou indiqué par sa place doit être celui dans lequel vous introduisez le nouveau qui doit être bien effilé ; alors vous avez soin de l'enfoncer avec ménagement, en le faisant tourner successivement entre vos doigts jusqu'à ce qu'il soit parvenu au fond du pot, puis ensuite vous raffermissez la terre autour. Les tuteurs en bois ont cela de bon, que la terre finit par se coller après, faire masse solide avec la motte et la protéger contre les vents, attendu leur flexibilité, vos tuteurs ne devant pas être plus gros que le petit doigt dans la partie la plus grosse introduite en terre.

Vous visiterez les plantes pour retrancher l'excédant des boutons qu'elles émettront, car les fleurs doivent être en rapport avec la force de l'individu; aussi il vaut mieux sacrifier des boutons qui ne vous donneraient que de très-petites fleurs et empêcheraient le développement des autres en énervant la plante, il est préférable de n'avoir que trois belles fleurs au lieu de six et huit médiocres ; il est même des plantes où on n'en laisse que deux et même qu'un seul s'il le faut pour obtenir une plus grande fleur.

Vous procédez ainsi :

1° Ne laisser qu'un maître-bouton, retrancher tous les petits qui lui seraient adhérents; 2° laisser, au sortir de la première aisselle de chaque côté, un bouton, mais isolé aussi, et à partir de là, supprimer toutes les pousses qui partiraient des aisselles jusqu'aux marcottes partant de la base.

Le soin que l'on doit avoir en éboutonnant des œillets, c'est de supprimer les trois ou quatre boutons qui sont les uns sur les autres, de n'en laisser qu'un seul à chaque tige qui pousse, à chaque nœud et de laisser deux nœuds d'intervalle de la première fleur à la seconde; la première fleur est toujours la plus brillante : quoique les deuxième et troisième fleurs, soient presque aussi grandes que la première, il arrive aussi que ces dernières quoique plus petites ont souvent les formes plus parfaites.

Il peut arriver que, dans le nombre de vos œillets, il s'en trouve de tellement vigoureux que la plupart des marcottes menacent de s'emporter, ce dont vous vous apercevrez facilement. Le seul remède à cela, si c'est une fleur dont vous faites cas, ou dont vous n'avez qu'un ou deux pieds et dont la perte souvent vous serait irréparable, c'est de dépoter, sans hésiter, ces sortes d'œillets, d'ôter même toute la terre du gazon, de couper avec des ciseaux la moitié des racines et de les replanter, ne laissant que la maîtresse-tige : après avoir coupé le dard aux marcottes vous n'obtiendrez bien entendu qu'une faible fleur; mais encore vaut-il mieux sacrifier les fleurs d'une plante, une année, que de perdre une belle espèce; si c'est un œillet dont vous ne faites que peu de cas ou dont vous ayez beaucoup de pieds, alors n'hésitez pas à profiter des fleurs, en cassant les marcottes, à mesure qu'elles s'emportent, au troisième nœud près du corps : votre tige se conservera plus forte et par conséquent vous donnera des fleurs plus belles.

JUIN.

Quand les boutons commencent à grossir et qu'on aperçoit les couleurs, c'est alors qu'un amateur doit les suivre attentivement et aider la nature dans ses développements; vous avez soin d'entourer les boutons dont la fleur apparaît, d'une lanière de vessie de veau préparée, que vous pouvez partout vous procurer (voir à la planche les dimensions); vous faites tremper dans l'eau cette lanière, afin que l'appliquant humide sur le bouton elle s'y colle comme le taffetas d'Angleterre; quelquefois aussi, et cela arrive quand le temps a été orageux, ou chargé de brouillards épais, au moment du developpement des boutons, on est obligé d'inciser les boutons également avec une épingle à la jointure des corolles pour les empêcher de crever. Car les conditions d'un parfait œillet flamand doivent être, en première ligne, qu'il ne crève pas. Mais aussi il faut que les temps ne soient point contraires, et ces accidents, qui heureusement ne se présentent pas toujours, ne peuvent faire qu'on les impute à l'espèce: il faut les déplorer, mais ne pas les considérer comme un défaut. Il est vrai de convenir que quand un œillet beau et grand ne crève pas, et résiste à toutes les chances atmosphériques, sans le secours de l'art, il doit être réputé de grand prix et sera le roi du théâtre.

CHAPITRE V.

De la manière de faire fleurir les œillets.

JUILLET.

Les œillets fleurissent d'eux-mêmes, tant bien que mal. Cela leur est naturel comme aux autres fleurs, mais avec le secours de l'art on peut perfectionner en aidant la nature. Il y a une grande différence d'une plante abandonnée ou cultivée avec soin : de là vient la différence que nous remarquons dans les produits des œillets en Flandre ou chez nous.

On s'imagine, par exemple que, faisant fleurir ses œillets à l'ombre, la fleur aura plus de durée ; c'est une erreur grossière, car l'œillet fleuri à l'ombre n'a jamais l'éclat qu'il doit avoir, et dure moitié moins, l'expérience en est facile en la pratiquant sur deux pots que vous ferez fleurir en même temps, l'un à l'ombre, l'autre au soleil.

Voici maintenant le procédé en usage en Flandre, fruit d'une longue expérience.

Dans les premiers jours du mois de mai, lorsque les plantes sont bien reprises, on met, le matin, tremper, dans une terrine ou baquet exposé au soleil, un tourteau de colza nouvellement fabriqué pesant 1 kilogramme pour cent pots. Vous arrosez vos œillets avec cette eau. Cette opération doit se renouveler encore une fois à l'époque où les boutons montrent leurs couleurs. Il y a quelques individus qui réclament quelquefois une troisième opération : cela se pratique rarement, c'est à l'amateur à en juger l'opportunité. Cet engrais donne de la vigueur à la plante, facilite le développement de sa fleur et en rend les couleurs plus vives.

Du théâtre.

Nous appelons théâtre, en termes d'horticulture, les gradins disposés pour recevoir les œillets fleuris et les exposer aux regards des amateurs, connaisseurs, curieux, ce qui est là la seule jouissance et le vrai triomphe de l'horticulteur : c'est là qu'il contemple avec délice les fruits de ses pénibles travaux et des soins assidus d'une année. Aussi met-il le plus grand soin dans le choix de ceux qu'il admet à son théâtre, et on ne saurait, il est vrai, être trop difficile : il vaut beaucoup mieux n'avoir qu'un nombre de pots limités, mais bien choisis, que d'admettre un grand nombre de plantes insignifiantes qui déshonorent votre théâtre ; car l'amateur qui le visitera n'attachera ses regards que sur les belles productions, et par son silence pour les autres vous fera sentir le mépris qu'elles lui inspirent.

Car la florimanie est une passion qui absorbe tous les moments de celui dont elle s'est emparée ; heureux celui qui la possède, car enfin nous naissons tous avec une passion. Celle-là au moins a des jouissances de tous les moments et surtout de tous les âges.

Admission des œillets au théâtre.

Le théâtre doit être pour eux un lieu de sûreté ; il doit être isolé ; il faut avoir soin de mettre les pieds des gradins, qui ne doivent pas avoir plus de quatre étages dans de petits baquets ou terrines en zinc ou autre qu'on aura soin de tenir toujours remplis d'eau ; pour empêcher les perce-oreilles, fourmis et autres insectes, de vous faire perdre dans un instant le fruit d'une culture de toute une année.

Le théâtre sera situé à l'occident, près d'une muraille, sans y être adhérent. Il sera surmonté d'un toit fait d'une toile soutenue par deux bras en bois de chaque côté, comme celle des boutiques des marchands ambulants.

L'amateur doit mettre la plus grande attention pour poser les fleurs qu'il destine au théâtre ; pour les faire voir dans tout leur éclat, les pots doivent être nets, propres, la terre de dessus égalisée, revêtue de mousse verte nouvelle, toutes les fannes flétries supprimées, celles cassées carrément, au moyen de ciseaux, coupées de chaque côté pour les effiler comme les autres ; en un mot, l'art doit, sans voiler les qualités et les perfections qu'on exige d'un œillet, venir sans que cela paraisse y coopérer en réformant les imperfections : il faut savoir embellir la nature.

Il n'y a que les Flamands, et encore les vrais amateurs, qui, sans interruption et avec une constance qui n'est donnée qu'à eux pour la culture de ce riche végétal, connaissent les qualités d'un bel œillet, aussi ne suis-je ici que leur écho comme tout cet ouvrage n'est que le résultat des connaissances dues à leur extrême obligeance.

Il faut, pour qu'une plante soit de parade :

1° Qu'elle soit forte et vigoureuse ;

2° Les fannes (ou feuilles) larges, d'une belle couleur nette, qu'elles ne soient pas épaisses, grossières comme celles de l'œillet de bois ;

3° Que les nœuds de la tige soient distancés également, sans être trop éloignés les uns des autres ;

4° Que ses tiges latérales soient bien développées ;

5° Que la maîtresse-tige soutienne ses fleurs avec grâce et majesté ;

6° Les boutons ne sont jamais trop gros pourvu qu'ils soient allongés, que le calice soit épais, d'un beau vert, que les pétales s'allongent en sortant, afin qu'au moment où la fleur éclôt, les pétales l'entourent également en tombant ; car si la fleur engage quelques fleurons en sortant de son calice, ou si ces fleurons sont longtemps à se développer, c'est une fleur de rebut ; de même si le bouton reste gros d'en bas, et qu'il ne puisse fleurir sans le secours de la ligature en vessie.

7° Que les pétales soient arrondis, symétriquement rangés, qu'ils ne soient ni dentelés, ni pointus, ni renversés en arrière ;

8° Que les fleurs aient au moins 9 pouces de circonférence ; aussi celles de 12 et 15 pouces sont-elles du plus grand prix.

9° Que la fleur se présente bien naturellement, qu'elle soit ronde, bien double, faisant le dôme dans son milieu.

10° Quant aux couleurs, qu'elles soient éclatantes et fines, transparentes et nuancées ; les lignes colorées doivent être longitudinales, larges, tranchées, nettes ; trois fleurons tout à fait rouges dans une fleur sur un fond pur, pourvu qu'ils soient séparés symétriquement, sont réputés perfections ; un seul fleuron ou pétale blanc est un grand défaut, alors supprimez-le de suite, si du reste la fleur est belle cela ne paraît pas. L'œillet perfection doit être aussi beau, et ses formes aussi gracieuses de quelque côté que vous l'envisagiez.

Classement par ordre des œillets selon leur mérite.

La Flandre se croit riche, avec raison, en œillets, et elle ne compte pas plus de vingt à trente espèces choisies au plus. Nous allons décrire les espèces qui tiennent le premier rang.

Les plus estimées sont les bizarres.

Mais, parmi les bizarres, celles qui tiennent le plus haut rang, celles auxquelles la palme est due, sont :

Celles qui ont pour couleur le feu, le cramoisi et le blanc, celles-là sont les plus riches, les plus estimées, les plus rares et hors rang.

Ensuite viennent les œillets du premier ordre, tels que :

1° Les pourpres,
2° Les marrons,
3° Les feux,
4° Les bizarres feux,
5° Les cramoisis,
6° Les violets,
7° Les roses,
8° Les bizarres roses.

Toutes les autres productions dérivent de ces huit principales espèces.

Les œillets des deux ordres, tels que :

1° Les bizarres incarnats,
2° Les bizarres ponceaux,
3° Les bizarres agates,
4° Les bizarres cerises,
5° Des violets gris de lin de plusieurs nuances,
6° Des violets pourprés,
7° Des violets giroflés,
8° Des amarantes,
9° Des incarnats.
10° Des cramoisis,
11° Des ponceaux.
12° Des isabelles.
13° Enfin des roses de toutes nuances.

CHAPITRE VI.

Du choix des œillets de semence, des soins que l'on doit en prendre.

C'est ici que l'horticulteur, l'amateur, doit apporter tous ses soins pour pouvoir obtenir une bonne récolte de semence. Les soins doivent être quotidiens ; un jour d'interruption peut lui faire perdre tout l'espoir de la semence.

Si la génération des plantes est un des mystères les plus impénétrables de la nature, au-dessus de notre portée, et où l'on reconnaît irrévocablement la toute-puissance du créateur, toutefois le mécanisme qui s'opère à nos yeux est reconnu, c'est à nous d'en suivre la marche et de nous conduire en conséquence.

Toutes les plantes en général sont pourvues de pétales, de fleurs, d'étamines et de pistils. L'œillet est une fleur complète et hermaphrodite : dans certains, le stigmate est tellement long, effilé en forme de corne, qu'il surpasse tous les fleurons de la fleur.

Quelques personnes ont cru que c'était un défaut dans un bel œillet, et soit qu'on le destinât au théâtre, ou que par la beauté de ses formes on en attendît une vente sûre et lucrative, on était d'usage de couper ces stigmates comme étant un signe réprobatif de l'œillet.

Il n'est personne aujourd'hui qui tombe dans ce sot préjugé, car il est reconnu que le stigmate étant l'organe extérieur et essentiel de la génération, puisqu'il reçoit la poussière (pollen) fécondante des sommets des étamines pour les transmettre par le style dans l'intérieur du germe, et féconder les semences, et que, par conséquent, si vous supprimez ce stigmate, vous rendez la reproduction impossible et vous vous privez de graines. De nos jours, ces œillets sont ceux que l'horticulteur conserve pour lui, et quand ils sont du premier choix, ils sont l'objet des soins les plus assidus, car c'est d'eux qu'il attend cette semence qui, tous les ans, doit enrichir sa collection par les nombreuses variétés qu'elle lui apporte.

Voici maintenant les soins qu'il faut donner aux œillets choisis pour donner de la semence.

1° Ce choix ne devant être fait que parmi ceux qui figurent au théâtre, puisque l'on n'y a placé que ceux du premier mérite, il ne faudra les y jamais tenir plus de dix jours, terme de rigueur;

2° Les garantir des grandes chaleurs et surtout des grandes pluies;

3° L'exposition qui leur convient est celle du soleil couchant prenant sur les pots à deux heures, tout le mois d'août; seulement après ce mois le plein-midi leur est favorable;

4° Ne pas manquer de les arroser tous les soirs assidûment avec de l'eau claire, non sortant du puits, car elle les glacerait, mais de l'eau tirée d'avance, que la chaleur aura dégourdie et privée de sa crudité; remarquez bien que j'insiste sur le mot assidûment, car si vous veniez à manquer un seul jour, je le répète, un seul jour suffirait pour vous faire tout perdre, quelles que soient les belles apparences que présenteraient vos plantes de semence.

5° Les perce-oreilles et les pucerons noirs rongent les vaisseaux ombilicaux qui transmetttent la nourriture aux semences jusqu'à parfaite maturité et les font périr au moment où l'on se croit près du succès. Il faudra avoir soin de mettre les pots destinés à la semence sur des tréteaux isolés, dont les pieds, comme je l'ai dit pour le théâtre, seront garnis de cuvettes toujours remplies d'eau.

On reconnaît à certains indices quand les œillets promettent semence: le pistil grossit et s'allonge, et prend la forme d'un haricot nain.

Observations.

Il y a des œillets qui rarement donnent de la graine, la trop grande quantité des pétales qui forment leurs fleurs en est la cause, parce que les étamines ne peuvent répandre dessus les pistils leur poussière fécondante, ce qui les rend stériles.

Si ce sont des œillets dont vous fassiez grand cas et que vous attachiez de l'importance à en obtenir de la semence, il faut alors laisser à cette plante sept à huit boutons au lieu de deux et trois comme aux autres; et si ce moyen ne vous réussit pas, il faut, au rempotage, ne lui donner qu'une terre maigre; et lorsque vous serez parvenu à diminuer la trop grande vigueur de votre plante, alors seulement vous pourrez avoir l'espoir d'en obtenir de la graine. Vous concevez que pour se donner tant de peine il faut que l'œillet en soit digne par son mérite.

Temps de la récolte de la semence, soins à prendre.

1° L'époque de la maturité de la semence est du 15 septembre au 15 octobre, car toutes ne mûrissent pas en même temps. Plusieurs indices vous font reconnaître qu'une graine est mûre. D'abord, si le calice jaunit, et si la goutte brunit, il est prudent, quand les pluies sont trop abondantes, d'avoir soin, après avoir coupé jusqu'à son niveau les pétales qui dépassent la goutte et qui sont un conducteur d'humidité, de couvrir vos pots au moyen de paillassons superposés et soutenus par des piquets, mais de les placer assez haut pour que l'air puisse circuler, et de les enlever aussitôt que le soleil reparaît sur l'horizon.

Vous choisirez, pour les couper séparément et suivant leur maturité, les graines, après vous en être assuré en ouvrant bien légèrement la superficie de la goutte avec une épingle; s'il en sort de l'eau, la graine est noire et mûre, si elle se trouve jaune, il faut alors attendre.

La nature, si prévoyante, a donné une enveloppe aux

graines pour leur conservation, vous vous garderez donc bien de la supprimer; mais vous récolterez vos semences en coupant la branche du pied sur lequel elles sont; vous lierez ces branches ensemble en les étiquetant suivant la nature et la couleur de leur origine; après les avoir renfermées dans des sacs de papier, vous les suspendrez au plein soleil en ayant soin de les rentrer avant le soleil couché et vous les resserrerez ensuite avec autant de précaution que l'avare fait de son trésor pour les égrainer seulement au moment de la semence, en choisissant les grains gros, noirs, luisants et bien nourris de préférence.

CHAPITRE VII.

De l'arrosement des œillets et de l'eau qui leur convient.

Les œillets ne demandent qu'à être rafraîchis, trop d'humidité leur est mortel, car elle engendre la pourriture; il convient donc de les rafraîchir à propos et en temps opportun. Il faut le faire avec ménagement ; l'eau de rivière est la plus convenable, mais pourvu qu'elle soit claire; celle de mare leur convient également, pourvu qu'elle le soit aussi; l'eau de puits ou de fontaine est trop froide, trop crue, les saisit et les ferait périr, si on ne lui faisait perdre sa crudité en l'exposant au soleil avant d'en faire usage. Les arrosements doivent avoir lieu le soir jusqu'aux grandes chaleurs, à cette époque vous les arrosez le matin, car la fraîcheur des nuits rafraîchit la terre des pots suffisamment.

Je le répète encore ici, je me sers pour mes arrosements, tant que les fleurs ne sont pas épanouies, d'une seringue dont l'extrémité, large d'une pièce de cinq francs, est percée de toutes parts de trous de la dimension d'un crin de cheval (c'est de la même seringue dont on se sert pour arroser les feuilles du camélia de temps à autre). Alors vous les aspergez de loin et de haut, de manière que cette pluie retombe en poussière sur eux et les rafraîchit également. On conçoit que ce moyen ne peut être usité pendant la floraison pour ne pas gâter les fleurs. Alors vous vous servez d'un petit arrosoir de poupée pour le faire avec plus de facilité et agir plus librement sans craindre de renverser des pots, surtout quand ils sont au théâtre et se trouvent agglomérés.

CHAPITRE VIII.

De la cause de la dégénérescence des œillets.

Peu de personnes se sont inquiétées d'approfondir les causes physiques qui font dégénérer les œillets, pourquoi cette fleur du premier et du second ordre est la seule sur laquelle les métamorphoses s'opèrent si promptement, pourquoi la partie du blanc s'altère, les bizarres ne donnent que deux couleurs et les panachées une seule.

Si les phénomènes de la nature sont souvent impénétrables, cependant il nous est donné, dans certains cas, d'en rechercher les causes ; ainsi, par exemple, il est bien naturel de vouloir se rendre compte des motifs qui ont pu si subitement transformer un œillet.

Ces causes, vous les trouverez indubitablement par l'expérience que vous ferez de cultures différentes sur les mêmes sujets jusqu'à ce que vous soyez venu à la solution.

Les fibres de l'œillet étant extrêmement délicates, il doit être plus impressionnable, et c'est ce qui fait que contrairement aux autres fleurs il perd ses couleurs sans perdre la vie, tandis que chez les autres plantes elles les conservent et ne les perdent qu'en mourant.

Nous mettrons en première ligne des causes de sa dégénérescence le peu de soin qu'on lui donne maintenant, les goûts étant portés vers des plantes nouvelles et ne cultivant plus l'œillet que comme accessoire et pour ne pas avoir l'air de l'exclure totalement, parce que ceux qui se livrent encore aujourd'hui à sa culture veulent le cultiver trop en grand, et que leurs occupations ne leur permettant pas de lui donner les soins assidus qu'il réclame, ils le confient à des mains mal habiles et mercenaires.

Il arrive souvent que de plusieurs marcottes prises sur la

même plante, la moitié se trouve conserver ses riches couleurs primitives, tandis que l'autre moitié ne produit que des fleurs dégénérées et de rebut.

Un ancien auteur flamand explique ainsi ce phénomène. Le suc propre de la plante fournit aux fleurs les couleurs qui leur sont analogues ainsi que l'odeur ; la terre, l'air et la lumière achèvent de les perfectionner. Quand ces particules colorantes sont portées par excès, et avec trop de vivacité par les canaux, dans les vaisseaux susceptibles d'admettre ou de maintenir ces couleurs, les vaisseaux trop faibles pour les contenir se dilatent et causent sans contredit l'extravasion des couleurs : il arrive pour lors que le rouge, qui est la couleur dominante, s'imbibe dans le blanc, ce qui fait dégénérer; c'est pourquoi un œillet dégénéré ne revient jamais à son état primitif, surtout si l'extravasion est générale.

Nous admettons cette savante dissertation toute physique, et quelles que soient les causes qui font dégénérer un œillet, nous disons que ne pouvant le rappeler à son état primitif, il doit être exclu de la collection, quoiqu'il puisse arriver que si l'extravasion n'est pas générale et que vous marcottiez le pied, il se trouve sur le nombre des marcottes, quelques individus qui vous reproduisent les fleurs primitives; mais c'est rare et nous sommes loin d'en conseiller l'épreuve qui ne vous dédommage jamais de vos soins.

En général, gardez-vous bien de donner une trop forte nourriture à vos œillets, si vous voulez les conserver longtemps; l'abondance de sels nutritifs leur est plus nuisible qu'une nourriture maigre, mais il faut chercher les moyens de parer à ces désastres; ce ne peut être que par des expériences multipliées sur plusieurs individus d'une même plante mis séparément dans des pots, que l'on peut parvenir à se rendre compte de ces phénomènes ; et, n'en doutez pas, vous arriverez à ces résultats satisfaisants, mais il faut avoir l'amour de la chose et la faire pour soi-même. Quant à nous, nous poursuivrons cette tâche avec constance et opiniâtreté, rien ne nous découragera ; heureux si par le succès de nos essais nous pouvons être utile à nos confrères. Nos expériences ne porteront pas seulement sur la nature des terres ; mais comme l'air leur est aussi l'élément le plus nécessaire, elles seront dirigées de ce côté ; nous exposerons des marcottes à différentes expositions ayant les mêmes terres, puis d'autres de trois différentes compositions de terres ; les arrosements feront aussi partie de nos recherches, et enfin l'hivernage sera effectué de trois manières différentes ; nous en ferons connaître les résultats, en temps et lieu, à la société d'horticulture de Paris.

Mais, si le phénomène de la dégénération des œillets par leurs marcottes ne nous est pas encore bien démontré, il n'en est pas de même de celle par les semis, nous devons en rechercher la cause dans la grande propagation des œillets de fantaisie, dont je suis loin de contester le mérite ; car encore bien qu'ils n'aient pas cette mâle vigueur, les formes nobles et brillantes du flamand, ils ne laissent pas d'être coquets et jolis, d'une culture, d'une conservation et reproduction des plus faciles ; ils s'accommodent de toutes les terres, de toutes les expositions ; mais aussi, comme toutes les plantes cultivées avec soins, ils répondent à ceux que vous leur donnez pour vous flatter agréablement par une quantité de fleurs ; les caractères distinctifs des fantaisies qui distinguent leur beauté, sont autant de types réprobatenrs dans un œillet flamand. En effet, l'œillet de fantaisie est dentelé en peigne ou scie, sablé dans ses couleurs, ou bordé de différentes nuances, tandis que le flamand doit être pur dans ses couleurs, avoir les pétales arrondis, et les lignes colorées longitudinalement ; or, si vous cultivez les uns et les autres, la transmission du pollen, qui a lieu, soit par les vents soit par les abeilles ou autres insectes, viendra nécessairement opérer des métamorphoses dont le flamand n'aura certes pas à se louer, et les deux espèces dégénéreront également sans en former une nouvelle qui jamais tienne lieu de chacune dans leur espèce : et ne vous faites pas d'illusion, cette métamorphose arrive tous les jours : il n'est pas en notre pouvoir de l'arrêter en nous privant de cultiver la fantaisie, quand d'autres la cultivent, quelque éloignés qu'ils soient la transmission a lieu un peu plus tôt ou plus tard, en grand ou en petit, et avec le temps finit par s'opérer sans retour. Cultivez donc le joli et coquet œillet de fantaisie, il vous dédommagera des peines que vous vous donnez souvent pour un ingrat flamand qui vous échappe, et surtout gardez vos mères-pieds de flamands purs si vous en avez, car ils deviendront tous les jours et plus rares et plus précieux.

CHAPITRE IX.

De la façon de reproduire des œillets par les marcottes ; de la terre propre à marcotter des boutures.

Si le marcottage est l'opération la plus essentielle de toutes celles concernant la culture de l'œillet, elle est en même temps la plus facile.

Un ancien usage en vigueur encore dans beaucoup de contrées, excepté en Flandre et dans l'Artois, est celui de marcotter au crochet ; nous ne croyons pas avoir besoin de décrire cette manière que tout le monde connaît, et que tous ceux qui ont des œillets, ont de tout temps pratiquée.

Nous voulons parler ici d'une méthode bien plus simple et plus sûre, c'est celle généralement en usage aujourd'hui dans toutes les villes du Nord, à Paris et à l'étranger. Celle, dis-je, pratiquée au moyen d'un cornet de plomb, et qui nous a été importée de Flandre, ainsi que la nouvelle forme des pots généralement adoptée aujourd'hui et reconnue par l'expérience comme la meilleure.

Le plomb dont on doit se servir est le même dont on enveloppe les caisses de thé ou les paquets de tabac étranger en poudre. Vous le coupez en forme de mouchoir <|. (Voir la planche dont la figure est le modèle exact de la grandeur.)

Tous les plombs dont vous avez besoin, préparés, faites également provision de fils de différentes grandeurs, dont les uns serviront à fixer le cornet à la marcotte par le pied, et les autres à assujettir toutes les marcottes ensemble par le haut et les fixer au tuteur ; ces fils, comme vous le pensez, doivent être de différentes grandeurs : celui qui sert à les assujettir par le bas doit être plus petit que celui pour le haut, qui doit être le double.

J'ai même l'habitude de me servir, pour assujettir les cornets au pied des marcottes, de fil de laiton aussi mince et aussi flexible qu'un fil très-fin; j'en trouve l'opération plus facile et plus prompte. Je ne l'impose à personne, l'expérience seule prouvera aux amateurs quel est celui des deux modes qu'il doit préférer.

L'opération du marcottage doit se faire comme l'ancienne au crochet; elle ne diffère en rien quant à l'incision, qui se fait, comme tout le monde le sait, au moyen d'un canif qui coupe net; la différence est donc dans la manière de placer le cornet de plomb. Nous allons la détailler.

Mais il est essentiel d'abord de faire connaître la terre convenable que l'on doit introduire dans le cornet qui doit recevoir la marcotte.

Vous devez avoir de la terre vierge, celle que les taupes rejettent à la surface de la terre, ou au moins, à défaut de la première, du vieux terreau très-sec et mélangé également d'un tiers de terre de taupe indiquée, que vous avez dû conserver un an sous un hangar; cette terre doit être mélangée avec un tiers de poussière de saule recueillie sur les vieux arbres, et principalement sur leur tête (nommée improprement *terre de saule*), et qui n'est autre chose que du détritus des parties ligneuses de l'arbre en état de vétusté. Ces terres doivent être passées au tamis de crin.

Le marcotteur doit avoir, 1° une table près de lui pour y poser les pots à opérer; le siége sur lequel il est assis doit être plus élevé; 2° près de lui, à sa droite, un grand pot rempli de la terre indiquée, qu'il introduit dans le cornet en plomb au moyen d'un instrument en fer-blanc, en forme de spatule pointue, pour répandre et perdre le moins de terre possible, qu'il affaissera légèrement avec un petit bâton pointu; 3° près de lui, aussi à sa droite, doivent être à sa portée les cornets de plomb tout préparés. Le marcotteur, assis, commence par assurer légèrement toutes les marcotes du pot qu'il entreprend, pour pouvoir supprimer toutes les fannes jusqu'aux nœuds de celle qu'il doit opérer.

ensuite commencer toujours par les marcottes du haut en les attachant les unes après les autres, à mesure qu'il a opéré en tournant tout au tour de la plante pour ne point engager de marcottes, qui, pour lors, risqueraient d'être cassées. La pratique de cette opération est bien plus aisée que la théorie, car il est facile de la démontrer en opérant, et fort difficile d'en donner le mécanisme; en résumé, l'opération est des plus faciles: quiconque a jamais marcotté au crochet, opérera de lui-même au cornet un quart d'heure après, et s'il casse la première marcotte, il réussira le reste.

Ainsi, après avoir nettoyé la plante et avoir mis à découvert les nœuds destinés à être opérés, il faut, autant que possible, les tailler de manière à former des marcottes de 6 pouces de hauteur, qui sont les plus gracieuses et les plus convenables. L'opération se pratique ainsi:

Mettez premièrement le doigt index de la main gauche sur le derrière des nœuds que vous devez entailler, pour servir de point d'appui au canif qui, sans cette précaution et vu le peu de compression qu'on fait en coupant, casserait la plupart des marcottes; cette entaille se fait en coupant la moitié du nœud et du corps de la marcotte entre les deux nœuds, 2 ou 3 lignes au dessous du nœud, en remontant jusqu'à celui qui doit fournir les racines, ayant soin que le nœud incisé soit coupé un peu en bec de flûte. Cela étant fait, il faut poser votre cornet de plomb en forme d'entonnoir, en prenant la précaution de placer le nœud coupé juste au milieu du cornet: alors vous le remplissez de la terre préparée en affaissant légèrement avec le petit bâton. Le cornet étant rempli, vous placez dessus une ou 2 lignes de terre d'argile, pour que les eaux des grandes pluies qui pourraient survenir, et même celles de vos arrosements, ne dégarnissent point le cornet de cette terre légère qui doit alimenter la marcotte, et qu'elle se tienne toujours humide.

Si, dans le cours de votre opération, il se trouvait des sujets dont la moelle fut jaune, évitez de les opérer, car c'est un indice de chancre.

Encore bien que, pour opérer, vous ayez attaché primitivement toutes vos marcottes ensemble. vous devrez les assujettir plus fortement, l'opération terminée, et placer les cornets des marcottes opérées de niveau et droit, pour que les arrosements pénètrent mieux jusqu'au fond des cornets.

Vous vous servirez du mode d'arrosement que j'ai indiqué au chapitre des arrosements.

Un point essentiel sur lequel j'attire toute votre attention, c'est de garnir les pots des marcottes opérées de terre de jardin placée dessus en talus et très-pressée, pour empêcher l'eau des fréquents arrosements que vous donnez tous les jours à vos marcottes, et qui doivent avoir lieu trois fois par jour si le temps est sec et chaud, de pénétrer dans le pot, ce qui engendrerait la pourriture par une surabondance d'humidité, et perdrait en même temps la plupart de vos plantes et la graine, votre espoir après la floraison.

Maintenant que toutes vos marcottes sont faites, que vous avez pris tous les soins minutieux indiqués, pour arriver au succès, vous devez encore, jusqu'à ce qu'elles soient enracinées, ce qui demande six semaines, les entourer de tous vos soins; jusque-là, placées sur vos gradins, il faut les arroser régulièrement, comme je l'ai dit, deux ou trois fois par jour, suivant l'état de l'atmosphère et de la manière que j'ai prescrite, pour ne pas rejeter hors des cornets la terre légère qui les remplit, et avoir soin, après une pluie d'orage, de les visiter, pour s'assurer si la pluie n'en a pas rejeté la terre glaise qui les recouvrait et fait sortir une partie des terres hors des plantes, alors y remédier sur-le-champ en en plaçant de la nouvelle, et replaçant ensuite de la terre argileuse dessus.

Observations.

Il se trouve de ces espèces d'œillets qui reprennent difficilement racine. Chez ceux-là la séve est tellement abondante que la consistance gélatineuse remplace bientôt les vides faits par les entailles, et empêche les nœuds de pousser racine en les ressoudant aussitôt que vous vous en apercevez. Un mois après l'opération, détachez les plombs, car, a cette époque, les marcottes doivent avoir pris racine. Pour celles qui sont avortées alors, vous entaillerez de nouveau l'excroissance ou calus, et gratterez légèrement les bouts du nœud avec votre canif; vous remettrez le cornet et le remplirez de nouveau comme la première fois; soyez certains que, quinze jours après, ces marcottes seront enracinées comme les autres.

Nous venons de décrire aussi clairement que possible le mode de marcottage en cornet; mais ce mode ne doit point être exclusif, car il est des circonstances où vous êtes obligés de faire usage des crochets : quand, par exemple, les marcottes sont trop rapprochées de terre, ou que les pieds sont au parc. (Le *parc* se dit d'un carré de terre qui est consacré aux œillets exclusivement pour recevoir vos œillets de semence.) Les œillets de fantaisie se rencontrent plus particulièrement dans ces deux cas.

Il est encore un moyen de reproduction très-ancien et qui était fort en usage, celui des boutures. De nos jours il ne se pratique plus que comme moyen de réparer, autant que possible, les accidents peu fréquents, il est vrai, mais qui arrivent cependant en marcottant, soit par maladresse ou par oubli; alors, si la marcotte cassée a du prix à vos yeux, n'hésitez pas à la bouturer. En voici la méthode :

Coupez votre marcotte manquée à 2 ou 3 nœuds de la tête, ce qui facilitera la reprise; dégagez-la de toutes ses fannes (feuilles), faites une incision au talon en forme de croix +, puis laissez vos boutures se faner au soleil; placez-les le lendemain dans un verre d'eau fraîche pour les raffermir; vous verrez, ou bout de quelques heures, les ouvertures pratiquées au talon se dilater; ensuite vous enfoncez votre bouture, jusqu'au 2e nœud, dans un pot rempli de terre légère, la même que celle qui vous a servi au rempotage, et placez le pot, après l'avoir arrosé, au nord, de manière que le soleil ne donne jamais dessus. Ces boutures doivent être à poste fixe dans ce pot. Les arrosements doivent être continués à propos après la reprise, qui est de sept semaines; l'exposer ensuite au soleil jusqu'à l'hivernage.

CHAPITRE X.

De l'hivernage des œillets, et de leur conduite jusqu'au mois de mars.

En admettant que vous ayez opéré votre marcottage du 15 juillet au 15 août, comme cela doit se pratiquer, six semaines après les marcottes auront parfaitement pris racines, et ce terme est de rigueur pour les avoir bien poussées, et vigoureuses; alors, du 15 septembre au 1er octobre, vous devez les séparer de la mère-plante pour les mettre en pépinière. Cela se pratique en remplissant des pots avec la même terre que vous avez employée pour votre rempotage, et sans qu'elle ait servi. Vous placez dans chaque pot cinq ou six marcottes de la même nature, avec des étiquettes pour les reconnaître et les porter sur catalogue. J'ai l'habitude, pour ne pas perdre mes belles espèces, lorsque j'en possède plusieurs marcottes, d'en mettre un tiers en pleine terre dans des plates-bandes au soleil disposées pour les recevoir; de la sorte je ne crains jamais d'être privé subitement par accident d'une espèce souvent irréparable; car la mort atteint plus particulièrement les œillets fins comme plus délicats; et remarquez bien l'avantage d'en avoir de ces belles espèces en pleine terre en parc, c'est qu'elles vous donnent toutes infailliblement de la graine.

Pour les placer dans les pots, vous les dégagez des cornets de plomb, vous coupez le chicot qui tenait au pied juste au milieu du nœud, pour qu'ayant pris racine de ce côté-là, il se forme un gazon autour du nœud; ce qui s'opérera l'hiver.

Vous aurez particulièrement soin, après avoir enlevé le cornet, de détacher le plus légèrement possible les racines *au chevelu* qui se trouvent roulées sur elles-mêmes par les pressions du cornet, pour les mettre à même de percer la terre plus facilement, car sans quoi, repliées ainsi sur elles-mêmes, elles seraient bientôt attaquées par la pourriture.

On conçoit que l'on doive régler le nombre de ses pots suivant la place qu'ils doivent occuper pour l'hivernage; ainsi, si vous employez des pots de 8 pouces, vous pouvez mettre cinq et six marcottes; mais si vous employez des pots à giroflles, vous pouvez en placer dix. Dans tous les cas, vos pots doivent être remplis, la terre serrée comme celle du rempotage, car les pluies d'automne étant plus abondantes, il faut que la surabondance des eaux pluviales puisse s'écouler par le haut du pot, sans quoi vous risqueriez de perdre vos œillets par la pourriture; cette plante étant très-poreuse, la fraîcheur de l'air lui suffit pour la rafraîchir et pénétrer ses tissus.

Les marcottes doivent être protégées par un tuteur mince comme une allumette pour les garantir des coups de vent. Il faut arroser vos pots avec l'arrosoir-seringue, puis les placer, comme au rempotage, douze jours à l'ombre en plein air: après, les remettre sur les gradins en plein soleil, les arroser à propos suivant le temps, les laisser ainsi exposés en plein air jusqu'aux gelées, mais ne pas craindre les premières petites gelées qui leur sont même salutaires pour les acclimater; aussitôt que le froid devient rigoureux, que la neige tombe, rentrez vos pots dans un endroit sec et aéré, au rez-de-chaussée et où il ne gèle pas, sans le secours du feu qui leur est mortel. Si, en les rentrant, la terre des pots était prise de la gelée, alors arrosez-les de suite.

Quant à mes œillets de fantaisie, jamais je ne les rentre en serre; mais, les exposant sur des gradins sous un hangar fermé seulement par une toile, je ne m'en occupe qu'au retour du printemps. Parmi eux je place même des œillets flamands du second ordre, et jusqu'à ce jour je m'en suis bien trouvé; il est probable que les autres espèces résisteraient de même; mais, ayant une serre à double fenêtre et sans foyer, où il ne gèle jamais, et pouvant y placer quatre cents pots, je préfère ne pas les risquer; mais jusqu'à ce jour j'ai toujours eu lieu de remarquer plus de robusticité dans ceux qui sont hivernés sous mon hangar que dans ceux de la serre, car, malgré que toutes les fenêtres soient ouvertes le jour, même quand le thermomètre est à deux et trois degrés au-dessus de zéro, il en est qui s'effilent et percent leur dard, qui deviennent trop délicats, et demandent de grandes précautions en mars pour être exposés à l'air libre et au soleil, et pour que ce changement subit d'atmosphère ne les fasse pas périr.

CHAPITRE XI.

Des semis des œillets.

(Nous diviserons ce chapitre important en plusieurs articles.)

Ce n'est que par des semis multipliés que la nature s'est trouvée enrichie de nombreuses et admirables variétés, et ce n'est qu'en les continuant avec persévérance qu'un amateur soigneux peut entretenir sa collection et l'enrichir par de nouveaux succès. Rien ne doit le rebuter ni le décourager : la toute-puissance du créateur est immense ; tôt ou tard elle viendra dédommager l'amateur de ses peines en faisant éclore de semis des variétés nouvelles qu'il recevra avec reconnaissance et enthousiasme et qui feront le désespoir des autres amateurs.

1° *Du temps de semer les œillets.*

Nous ne reviendrons pas sur la manière dont a été conservée la graine jusqu'à ce jour, puisque l'on aura, comme je l'ai prescrit, laissé dans l'enveloppe que la nature lui a donnée à dessein, les mêmes espèces liées ensemble, après les avoir bien fait sécher et resserrer séparées, espèce par espèce, dans des sacs de papier mis en lieu très-sec et exempt de toute humidité.

Du 20 avril au 1er mai, pas plus tard et même plus tôt si la saison le permettait, après avoir égrainé vos œillets et choisi les graines bien nourries, vous prenez deux baquets faits avec de vieux tonneaux ou plutôt des barriques qui contiennent moins de terre et par cela plus faciles à porter. J'ai l'habitude de me servir de baquets faits avec des barriques à savon gras achetés à bas prix, je les obtiens en sciant cette barrique à six pouces du fond, de sorte que j'en ai deux dans chaque, et j'ai remarqué une différence immense entre les semis de ces sortes de baquets et ceux provenant de barriques à vin ; cela se conçoit, puisque toutes les parois du bois sont imprégnées de ce corps gras qui devient un engrais énergique, se communiquant à la terre en se dissolvant au soleil. Il y a plus, j'ai même remarqué une différence notable entre mes semis de baquets ordinaires et ceux de terrines en terre, et l'avantage a toujours été pour les baquets ; j'y trouve aussi une économie et un avantage immense ; car, pour l'amateur qui traite en grand les œillets, vous pensez combien doit être pénible le continuel déplacement de ces terrines, lourdes par elles-mêmes, bien plus encore quand elles sont remplies de terre. Comme elles ne peuvent se transporter que très-péniblement, puisqu'elles n'ont pas d'anses, quelques soins que l'on prenne, il arrive au plus adroit d'en laisser échapper et de voir ses semis froissés, cassés et pour la plupart perdus.

Tandis que les baquets que j'indique sont plus légers, qu'au moyen de cordes fortes formant deux mains de chaque côté, par le moyen de deux trous faits au baquet, je puis le transporter sans crainte partout où besoin l'exige, soit pour l'abriter, sois pour le faire jouir des rayons du soleil ; j'y trouve économie de matière, économie de temps, économie d'espace pour hiverner un baquet ; car je les mets en cave les uns sur les autres, sans craindre, comme pour les terrines, d'en casser, et par-dessus tout, je suis tranquille sur le sort de mes chers élèves. J'ai pris le parti de faire cercler ces baquets en cercles de tôle, de sorte que c'est une bien petite dépense de plus, que je regarde comme une économie. J'ai eu dix-huit baquets superbes provenant de savons gras pris dans une fabrique de laine peignée qui ne savait que faire de ces barriques ; je les ai fait cercler en tôle de rencontre ; le tout m'a coûté dix francs.

Après vous être arrêté sur le choix des baquets ou terrines en terre, vous les emplissez de terreau vieux jusqu'à quatre pouces ; car, entendons-nous bien, jamais vos terrines ne doivent être plus profondes que six pouces ; vous reprendrez un pouce de la terre indiquée pour le rempotage, puis avec la patience qui ne doit pas abandonner un instant l'horticulteur soigneux, vous semez une à une vos graines d'œillets en les espaçant d'un pouce chacune et en quinconce.

J'insiste sur ce mode, la raison en est simple; car quelques soins que l'on prenne de mêler de sable la graine pour la semer, quelque habile qu'on soit, il se trouvera toujours des grains ensemble, plus ou moins, et qui se nuiront réciproquement, tandis qu'en suivant mon mode, qui est plus lent, il est vrai, on obtiendra un résultat bien plus avantageux : tous les semis seront isolés, l'air circulera plus librement, les chevelus se formeront isolément à chaque plante, et vous les verrez toutes présenter un ensemble admirable.

Les graines distribuées de cette façon, vous les affaisserez également légèrement avec le creux de la main, puis les couvrirez avec 8 lignes de terre à rempoter dont je viens de parler, de sorte que la graine se trouve également entre ces deux couches de terre; ensuite mettez 2 lignes environ du terreau vieux de cheval dont vous avez primitivement rempli votre baquet, ce terreau conservant son humidité; puis enfin arrosez le tout copieusement avec un arrosoir de poupée dont les trous sont très-fins, ayant soin de le tenir de très-haut pour que l'eau tombe en pluie fine également partout sans plaquer la terre, ni la déranger. J'obvie à ces inconvénients au moyen d'une seringue dont j'ai parlé au chapitre *Rempotage*. Exposez vos baquets au soleil, rafraîchissez au besoin, et bientôt vous verrez surgir à la surface toutes les pousses de vos semis, objets de vos plus chères espérances.

La méthode que j'indique est minutieuse, mais elle est infaillible; elle est indispensable pour l'œillet flamand, qui réclame des soins bien plus que tout autre œillet : ainsi, pour un semis d'œillets de fantaisie, je me contente toujours, à la même époque et jamais passé le 1er mai ou ses 5 premiers jours, de les semer sur un bout de couche refroidie, mais en ayant toujours le même soin de les semer grain par grain, de les arroser et soigner comme les semis en terrine; seulement les semis sur couches réclament des arrosements moins fréquents ; vous les donnez avec discernement et avec soin ; au cas de pluies continuelles, vous les couvrez de paillassons superposés sur des bâtons à hauteur de 2 pieds, pour que l'air puisse circuler librement, tandis que vos baquets, vous pouvez les transporter pour les abriter le temps que dure la pluie d'orage, qui leur serait contraire en plaquant trop la terre.

On avait prétendu que les semis d'automne étaient préférables, en ce sens que l'on jouissait de la fleur l'année d'ensuite ; cela est vrai, nous en avons fait l'expérience, et nous convenons que le plan lève, et donne des fleurs l'année suivante ; mais quelles fleurs? dont une sur 100 n'est pas digne d'entrer dans une collection ; nous attribuons ce phénomène à la graine qui n'a pas eu le temps de mûrir en se rempotant ; et cela est si vrai que, pour établir notre expérience, nous avons pratiqué des semis avec une portion de ces mêmes graines mises en réserve pour effectuer nos semis au mois de mai ; nous avons obtenu des résultats flatteurs : il n'en fut pas un des autres que nous ayons jugé digne de figurer dans notre collection ; aussi ne voit-on plus un amateur pratiquer ce genre de semis, qui est tombé, comme il le devait, en discrédit.

D'ailleurs les semis d'automne réclament des soins que rien ne récompense : si l'automne est pluvieux, si l'hiver est prématuré, vous perdez infailliblement vos plants, qui seront trop faibles pour résister l'hiver, quelques soins que vous en ayez, et le peu qui survivront vous donneront de chétives fleurs sans éclat, ni forme, ni valeur.

Du sevrage des œillets.

Quand votre jeune plant a atteint 8 à 10 feuilles, ce qui arrive vers le 15 juillet, alors il importe de le sevrer, opération très-importante : à cet effet vous avez préparé en mars des couches qui ont eu le temps de se refroidir pour les recevoir. Ces couches doivent être revêtues d'une couche de vieux terreau épaisse de six pouces, puis vous y placez en pépinière, en quinconce de 5 à 6 pouces, séparés les uns des autres, vos jeunes plants; pour les extraire de leur baquet vous les arrosez copieusement pour que la terre qui les a nourris jusqu'alors puisse s'attacher au chevelu en les arrachant, ce qui a lieu en réunissant ensemble, de la main droite, avec le pouce, l'index et le médius, les feuilles ou fannes et les tirant perpendiculairement, de manière qu'il reste une espèce de motte après chaque plant. Ne pas tomber dans l'absurde usage de supprimer le chevelu pour les repiquer, ce qui les altérerait et pourrait leur occasionner la pourriture ou le blanc. (C'est ici le lieu de faire remarquer toute l'importance de mon procédé indiqué plus haut pour les semis isolément grain par grain; car, sur des semis faits à la volée, quelque adroit que l'on soit, sur 100 grains semés ainsi il n'y en a pas le 10e qui soient isolés; or, quand vous venez à les arracher pour les placer en pépinière, vous enlevez toujours 2 et 3 jeunes plants ensemble; il en résulte que, pour opérer votre division, la terre qui enveloppe le chevelu s'échappe, car il ne peut en être autrement, quelque précaution que vous preniez, la croissance du chevelu des plantes rapprochées ayant lieu simultanément; et pour les diviser, non-seulement, je le répète, la terre, si importante à leur croissance, s'en dégagera, mais les chevelus seront froissés, déplacés de l'ordre que la nature leur a indiqué, et, quand vous les repiquerez sur votre couche, ils seront plaqués, superposés et contrariés dans leur croissance. En changeant la symétrie de la nature, nul doute qu'ils se rétabliront; mais, pendant ce temps, les autres prospéreront, et ceux-ci seront toujours en retard quand il faudra leur assigner la place qu'ils devront occuper jusqu'à leur floraison.)

Pour plus de commodité, le baquet doit être près de la couche que vous leur destinez, pour que les semis, aussitôt arrachés, soient repiqués à leur place, ce qui se fait en plaçant le plant auquel tient la terre maintenue par le chevelu, dans le trou préparé pour le recevoir, recouvrant le tout légèrement et en serrant également la plante au collet, et ainsi de suite.

Voici votre plant en pépinière ; inutile de dire les soins que vous devez en prendre jusqu'à l'époque de le transplanter définitivement dans vos plates-bandes pour y passer l'hiver et rester jusqu'à leur floraison. Il conviendra de les abriter des trop grandes chaleurs du jour, qui les fanent et les dessèchent ; des trop abondantes pluies d'orage, qui plaquent la terre ou déchaussent la plante : vous obviez à ces deux inconvénients en plaçant des paillassons légers dessus, à 2 pieds de hauteur, sur des perches, de façon que l'air puisse légèrement circuler.

Temps et mode de planter les plants de la pépinière en lieu définitif jusqu'à la floraison ; des soins qu'ils exigent jusque-là.

Vers la fin d'août, ou mieux au 15 septembre, vous choisissez un temps humide, mieux vaut encore une pluie douce en bienfaisante (car le véritable amateur ne doit jamais craindre les injures du temps ; il faut qu'il mette tout à profit et qu'il fasse abnégation de soi-même), après avoir préparé à l'avance les plates-bandes destinées à vos œillets de semis, ce que vous aurez fait en rendant la terre le plus meuble possible et n'avoir donné à vos plates-bandes qu'une largeur de 3 pieds, de manière qu'elles soient bombées, dites *en dos d'âne*, pour faciliter l'écoulement des eaux. J'insiste sur cette dimension pour deux raisons majeures : la première, c'est que vous pouvez plus facilement surveiller vos plants, les biner, en extraire les mauvaises herbes, les approcher plus facilement, n'étant plantés que sur 3 rangs ; de cette façon l'air circule plus librement que lorsque vous en avez 4 à 5 rangs : c'est qu'à l'époque du marcottage vous pouvez opérer plus facilement sans gêne ni risque que si vous aviez une plus grande largeur, car il pourrait arriver que votre choix tombât sur des individus du centre, ce qui vous serait on ne peut plus pénible, sinon impossible, pour le marcottage, si vous aviez 4 ou 5 rangs ; la deuxième, c'est que si l'hiver était trop rigoureux ou trop inconstant, s'il arrivait de fortes neiges, du verglas, comme cela a lieu fréquemment en février et en mars, temps si contraires à ces sortes de plantes, vous risqueriez de voir s'évanouir toutes vos espérances, tandis qu'avec des plates-bandes de 3 pieds, je garantis, autant que possible, mes jeunes plants des intempéries, par le moyen de paillassons solides faits doubles avec des bois assujetis par du fil de fer et placés de chaque côté de mes plates-bandes, réunis par le haut et formant toiture. Une perche, soutenue à chaque bout de la plate-bande par 2 piquets, et maintenue par du fil de fer, leur donne toute la solidité convenable, et me permet, soit de les faire jouir du peu de beau temps qu'il peut y avoir, soit de les abriter des injures.

Vos plates-bandes ainsi préparées, vous disposez les places pour recevoir votre plant, les espaçant à 8 pouces les uns des autres sur trois rangs en quinconce, puis vous prenez, pour les enlever de la pépinière, les mêmes précautions que vous avez prises pour les arracher des baquets, avec cette différence que le plant des pépinières doit se prendre au moyen d'une spatule en fer enmanchée, courte et ayant la forme d'une houlette; vous laissez après chaque plant le plus de motte possible au chevelu, et pratiquez votre transplantation définitive avec toutes les précautions d'usage.

Il arrive souvent que malgré tous vos soins l'hiver vous cause des pertes à déplorer; mais, en amateur prudent, vous aurez soin de prévoir ces accidents en tenant toujours des plants en réserve sur votre pépinière pour remplacer les vides de vos cadres, car il vous est facile de préserver de tous accidents votre pépinière placée dans la meilleure exposition de votre jardin; c'est ce que je fais toujours et ce qui a fait souvent croire que je n'avais supporté aucune perte.

Chaque plant à sa place sera protégé par trois petits bâtons d'un pied de longueur plantés en triangle, sans les attacher autrement; ce qui met la plante en sûreté contre les coups de vents; ceci fait, attendez patiemment ce qu'il plaira à la Providence de vous envoyer.

CHAPITRE XII.

Raisonnement physique sur les moyens de cultiver les œillets sur des degrés de latitude surpris en tous sens au méridien de Paris.

On a pensé longtemps qu'il était impossible de cultiver l'œillet flamand avec succès ailleurs que dans le Nord de la France, ce qui avait fait abandonner à regret sa culture à bien des amateurs; aujourd'hui beaucoup d'amateurs le cultivent avec succès, par l'expérience qu'ils ont acquise que l'on peut cultiver à Paris toutes les plantes exotiques, même des parties méridionales de l'Amérique. Toutes les parties de la France peuvent fournir des terres propres à la culture de l'œillet flamand. J'ai indiqué au chapitre Ier celle dont on devait se servir et en quels lieux il fallait la prendre; il ne nous reste donc plus qu'à pratiquer dans chaque endroit une culture combinée selon les circonstances différentes, ce qui est facile.

Lille, pays propre aux œillets, est situé par le 50e degré de latitude. On a pour usage de ne laisser les œillets exposés au soleil que dix heures par jour, dans un jardin entouré de murailles. On peut se représenter les quatre points cardinaux sous la direction du soleil, le nord, le midi, l'orient et l'occident; conséquemment plus l'endroit où vous habitez se trouve rapproché du midi, plus vous devez exposer vos fleurs au nord de votre jardin, l'excès de chaleur leur étant contraire.

Il est un moyen physique bien simple pour corriger les degrés de chaleur proportionnés à l'endroit qu'on habite. Le voici : puisque dix heures de soleil suffisent aux œillets sous les 50 degrés de latitude, hé bien ! à mesure que vous avancez d'un degré de chaleur, retranchez d'une demi-heure par jour le soleil sur vos plantes, en continuant de cette manière jusqu'au 50e degré.

Quant au temps de rempoter, si l'impulsion de l'air occasionné par son degré de chaleur influe sur la floraison, elle influe de même sur la végétation. Vous observerez qu'à mesure qu'une plante se trouve plus près du soleil d'un degré, elle fleurit cinq ou six jours plus tôt, par conséquent la plante doit végéter en proportion ; c'est pour cela qu'à mesure qu'on avance d'un degré de chaleur, il faut rempoter ses œillets cinq à six jours plus tôt. La floraison des œillets à Lille est d'ordinaire le 12 juillet, cette ville étant par le 50ᵉ degré de latitude; à Dunkerque, qui est par le 51ᵉ, la floraison est le 18, mais à Paris la floraison a lieu le 1ᵉʳ juillet; à Madrid et à Naples, qui sont par le 40ᵉ degré de latitude, la floraison doit avoir lieu vers le 1ᵉʳ juin ; il est donc évident que les différences des époques de floraisons ne sont pas les progrès immédiats de la végétation ; conséquemment si l'on rempote les œillets à Lille, le 15 mars, on doit le faire le 5 à Paris, et le 15 janvier à Naples ou à Madrid.

Il est indispensable, dans les climats chauds, d'abriter, au moyen de tentures, les œillets des ardeurs du soleil, de dix heures du matin à deux heures de l'après-midi, seulement pendant le solstice d'été et dans les jours les plus chauds.

CHAPITRE XIII.

Mode d'attacher les œillets.

Attache Ponsort.

Je vais indiquer ici le mode le plus simple, le plus économique pour attacher les œillets.

Du moment que votre marcotte est mise en pot, et est entrée en végétation, elle réclame des soins minutieux et journaliers ; on conçoit combien il importait de les simplifier, c'est ce à quoi je me suis attaché, forcé que j'y étais par ma culture en grand de cette jolie plante ; ainsi, du moment où la marcotte dardillait, il fallait, dis-je, avant mon mode d'attache, être continuellement après pour assujettir son corps frêle et cassant au tuteur, soit suivant l'ancienne méthode avec du fil, du jonc ou de la soie, et plus l'œillet grandissait, plus les soins se multipliaient ; car alors il réclamait de nombreuses attaches qui, tous les jours, avaient pour condition indispensable d'être renouvelées ou desserrées, sans cela l'œillet arrêté, resserré à son point d'attache, se cambrait, prenait une mauvaise tenue, et si l'horticulteur tardait deux fois vingt-quatre heures à le détacher, la partie cambrée formait l'arc tendu et se durcissait au point que, lorsque l'on voulait y remédier, l'œillet se cassait ; alors l'espoir de la fleur, seul dédommagement de l'horticulteur pour tous les soins donnés à cette plante, se trouvait perdu.

Je suis parvenu, après bien des recherches, à vaincre toutes les difficultés au moyen d'anneaux dont je vais expliquer le mécanisme, et donner une gravure pour mettre à même de le pratiquer plus facilement.

Aussitôt la marcotte montée, je lui donne le tuteur qui

doit la protéger tout le temps de son existence; ce tuteur est en osier droit, peint en vert, couleur du corps de l'œillet même; je l'assujettis par quatre anneaux de la largeur d'une bague dite chevalière. (Voir la gravure, qui donne la grandeur exacte.)

Le premier, qui est la base, reste toujours à la même place, il lie la plante par sa base à son tuteur, étant arrêté par les aisselles des premières feuilles de la première phalange; l'œillet, par les soins de l'horticulteur, entre promptement en végétation; alors il suffit de compter, quand l'œillet a monté deux ou trois nœuds, les trois anneaux au deuxième nœud ou phalange de l'œillet, et de superposer toujours l'anneau sur les aisselles des feuilles à la naissance du nœud, comme on le remarquera par la gravure, puis ne plus vous en occuper, car l'œillet montera seul avec des anneaux, etc. En effet, il n'est arrêté par rien dans sa végétation; libre dans ses mouvements, l'anneau, obéissant à l'impulsion, glisse le long du tuteur en suivant la marche ascendante de la plante; seulement, quand on aperçoit la tête de l'œillet dépasser de six à sept pouces l'anneau de dessous, alors on glisse l'anneau pour le faire monter comme le second, toujours en le superposant sur les aisselles des feuilles du nœud et ainsi de suite, de façon que le dernier tienne la tête. Vous remarquerez qu'il y a une grande économie de temps, chose précieuse chez un horticulteur, car un homme pouvait suffire à peine à assujettir tous les jours quatre à cinq cents œillets par l'ancien procédé; jugez alors le temps qu'il eût fallu pour plus de trois mille que j'ai dans ma collection, tandis qu'en moins d'une demi-heure tous les jours j'ai inspecté mes œillets et coulé les attaches à ceux qui en réclament. Mais il y a aussi économie d'argent, car le cent d'anneaux en cuivre ou chrysocale qui coûte cinquante centimes, en gros on les aurait à meilleur compte; on peut s'en procurer de soudés en fer battu, à sept centimes le cent, ce qui revient meilleur marché que le jonc, dont la botte coûte dix centimes, tandis que les anneaux peuvent toujours servir, avantage que vous ne trouvez pas dans le jonc.

Chacun reconnaîtra l'avantage de mon procédé pour l'attache des œillets ; il a été goûté par tous les amateurs de cette plante ; tous y ont reconnu un avantage immense de temps, d'économie, tous ont admiré l'élégance de la plante que rien ne gêne, car jusqu'à ce jour l'œillet avait été délaissé à cause des soins ennuyeux qu'il fallait continuellement en prendre pour l'assujettir à son tuteur, et du peu de grâce que cette plante avait, gênée dans sa végétation par l'ancien mode d'attache ; aujourd'hui, chacun s'empresse de saisir mon procédé ; après avoir vu ma riche collection où on ne pouvait distinguer ni le tuteur, ni les attaches, chacun admirait leur forme gracieuse, et toutes les sociétés d'horticulture de France ou de l'étranger se sont empressées d'en faire mention et de l'adopter ; la société de Bruxelles n'a pas été en arrière, car elle m'a adressé des compliments flatteurs et nommé à l'unanimité son membre correspondant.

CHAPITRE XIV.

De la maladie des œillets.

Je vais traiter séparément des cinq maladies qui attaquent les œillets, mais plutôt de la manière de prévenir les accidents que de celle de les guérir, car, à mon avis, bien peu peuvent en revenir, et encore ceux-là sont si rachetés qu'il vaudrait mieux avoir à en déplorer la perte que de les voir ainsi languir ; aussi doit-on avoir le plus grand soin de mettre les mêmes sujets des espèces précieuses dans des pots séparés crainte de la contagion en cas de maladie.

De la pourriture.

1° Cette maladie provient des pluies froides, des lieux humides qui, en rendant la terre continuellement imprégnée, finissent par pourrir les racines ; on conçoit que l'on peut prévenir ce cas-ci, dépotez votre plante aussitôt que vous vous en apercevrez, et après avoir supprimé les racines ou chevelu attaqué, plantez-la dans une planche de votre jardin à bonne exposition, et quand elle sera en fleur, vous la rempoterez, car l'œillet a cet avantage de pouvoir se déplanter en tout temps.

2° La pourriture peut venir aussi de ce qu'un pot est trop cuit ou plombé, ce qui empêche la circulation de l'air dans les pots, ce qui fait que la plante languit et pourrit ; il est facile d'y remédier de même que dans le premier cas, et de ne plus retomber dans la même faute en faisant usage d'autres pots.

3° Il arrive aussi que l'eau croupie, répandue sur les fanes ou feuilles, occasionne encore cette maladie, qui se déclare quelquefois au moment de la floraison ; il n'y a, dans ce cas, d'autre ressource pour conserver l'espèce si vous n'avez que ce sujet, et que l'espèce soit précieuse, que d'en faire des boutures comme j'en ai indiqué la méthode, si toutefois les marcottes sont encore roides et que la moelle soit blanche.

4° Il arrive encore que la pourriture soit externe, elle prend par le cœur de la marcotte ; cette maladie est occasionnée par la concentration de l'air quand on tient trop longtemps les œillets soit au théâtre, soit dans des appartements ; malheureusement, quand vous vous en apercevez, il est trop tard d'y apporter remède, car si vous les exposez soit à l'air, soit au soleil, ils tombent de suite flétris et périssent sans ressource. C'est donc par négligence, ce que vous pouvez facilement éviter.

Du chancre.

La maladie la plus connue malheureusement et la plus dangereuse de toutes celles qui arrivent aux œillets, c'est le chancre ; elle ne peut se prévenir et ne se guérit jamais.

De la jaunisse improprement appelée le blanc.

Nous cherchons en vain pourquoi cette maladie a été nommée le blanc, quand rien ne peut avoir donné cause à cette dénomination.

La jaunisse provient : 1° de la trop grande humidité de la terre des pots occasionnée soit par de grandes pluies trop fréquentes, soit par des arrosements faits à contre-temps. Dans ce cas, la circulation de l'air se trouvant interceptée, les plantes languissent, deviennent livides et jaunâtres, la plante ne transpire plus, ses fibres se relâchent.

Cette maladie n'est pas dangereuse quand on s'y prend à temps et que les racines ne sont point attaquées dangereusement, il suffit d'exposer le pot au soleil pendant sept à huit jours sans l'arroser, et ménager ensuite avec discernement les arrosements jusqu'à la floraison ; de cette façon vous n'en perdrez point. Cette maladie encore est le résultat du peu de soin que l'on a des plantes ; par conséquent elle est facile à prévenir.

Du feu.

Cette maladie attaque deux différentes parties de l'œillet, les racines et l'extrémité des plantes ; quand le feu est aux racines, surtout chez les jeunes plantes, il n'y a point d'autre remède que de les déplanter de suite, de retrancher le chevelu ou racine attaquée et de les mettre en pleine terre, souvent il en réchappe une partie ; mais lorsque cette maladie arrive aux extrémités des feuilles, d'où elle gagnerait bientôt le cœur si vous n'y portiez remède, car les fanes ou feuilles se collent et se brisent pour le peu que vous y touchiez, le remède unique et fort simple est de mettre les plantes attaquées à l'ombre une quinzaine de jours, de couper les extrémités des fanes qui sont attaquées de cette plaie qui ressemble à la rouille, et de seringuer légèrement, avec la seringue que j'ai indiquée, deux à trois fois par jour avec de l'eau fraîche sortant du puits; de cette manière vous ne perdrez point de plante.

De la gale.

Cette maladie n'est rien par elle-même, mais elle dépare la plante par les taches qu'elle laisse sur les fanes qui sont son seul ornement et que vous êtes obligé de lui retrancher comme dans la maladie précédente aux extrémités extérieures de la plante : comme elle est engendrée par des arrosements faits sans discernement sur les fanes avec des eaux croupies ou mélangées, elle est facile à prévenir.

Résumé sur les maladies.

On remarquera que toutes les maladies sont faciles à prévenir, puisqu'elles ne dépendent que des soins à avoir des plantes. Le point important est celui de les garantir de l'humidité ; l'œillet aime une douce fraîcheur dans les temps chauds, mais dans les mois d'avril et mai il absorbe assez par lui-même. La fraîcheur des nuits lui suffit, et, remarquez-le bien, jamais les maladies reconnues à l'œillet ne proviennent de la trop grande sécheresse, au contraire, presque toutes se guérissent par là, je n'arrose qu'avec grande circonspection mes œillets et je le fais moi-même, ne voulant pas charger des mains étrangères de ce soin, et je m'en trouve bien ; j'ai même pour certains œillets, les plus rares, des couvercles de pots de la dimension des pots fendus dans un bord jusqu'au milieu pour laisser introduire la plante, ces couvercles sont élevés sur trois pieds tenant après, pour laisser libre la circulation de l'air ; ils sont nécessaires quand les pluies de la Saint-Jean sont par trop abondantes (voir le modèle à la planche). On voit qu'avec un peu de soin on peut conserver les œillets, et que l'on peut élever partout ces précieux et incomparables flamands. Et qu'on ne vienne pas me dire qu'ils ne peuvent pas vivre chez nous; dites plutôt que la plante périt parce que vous ne lui donnez pas de soins, et qu'une fois défleurie, vous n'y pensez plus, de là vient que vous êtes tous les ans obligé d'avoir recours au commerce, que vous trouvez cela trop dispendieux, et que presque toujours vous êtes trompé; essayez, suivez mon traité, vous verrez qu'il n'est que le résultat de l'expérience, et ce n'est qu'aux sollicitations de mes amis et collègues que je me suis décidé à le rendre public.

Des ennemis des œillets.

Je viens de faire connaître les maladies des œillets et leur traitement, il importe aussi de faire connaître leurs ennemis, qui sont au nombre de sept. Savoir :

1° Le puceron ou pou vert; 2° le puceron ailé; 3° la chenille verte; 4° la petite cigale, qu'on appelle, en terme de fleuriste, *animal dans sa mousse*, qui a huit pattes; elle s'allonge et se recourbe dans la moitié de sa longueur; 5° le petit puceron noir, qu'on nomme le *tigre*; 6° la fourmi; 7° le perce-oreille.

Le perce-oreille est l'ennemi le plus redoutable de l'œillet; si l'on n'y prend garde, il fait à lui seul plus de tort aux œillets que tous les autres insectes ensemble.

J'ai déjà dit que la fourmi, le perce-oreille et le puceron noir pouvaient s'éloigner au moyen de baquets toujours remplis d'eau, dans lesquels pose le pied de chaque gradin; on peut également leur faire la chasse au moyen d'ergots de porc ou de mouton mis au haut du tuteur, le perce-oreille se retire la nuit dans ce réduit, et le matin vous levez chaque ergot et le secouez dans un bassin d'eau que vous avez à cet effet; si l'eau est chaude ou de savon, le vase peut être plein; si elle est froide, il faut qu'il ne le soit qu'à moitié, pour ne pas donner à ces insectes le temps de s'évader avant leur submersion.

Quant au puceron ailé, il n'est heureusement pas commun, il s'attaque au cœur des boutons prêts à fleurir et perd la fleur; c'est un mal sans remède, car il agit dans l'ombre et est imperceptible.

La petite cigale se rencontre tous les jours sur les œillets au commencement du printemps; quand il fait chaud elle ronge les écorces des tiges, et par là intercepte la sève; si vous n'y prenez garde, vous avez à déplorer des pertes irréparables, le remède est facile, visitez vos œillets, tuez cette chenille.

Le pou vert ne quitte point les œillets, tous en sont chargés, même l'hiver; il n'est dangereux que lorsque la plante est en fleur; le remède est de l'empêcher de s'introduire dans la fleur, de le souffler dehors, et non de l'écraser sur la plante, car vous la hacheriez et lui donneriez le chancre.

Le puceron noir ou le tigre se distingue du premier en ce qu'il n'attaque jamais les œillets malades; quelquefois il ronge les pétales ou fleurons des boutons : le remède est, comme au premier, de le souffler dehors; dans aucun cas ne tombez dans l'absurdité d'employer de l'eau de tabac, de fumer dessus ou d'injecter du tabac à priser : ces trois remèdes sont pires que le mal, qui, avec un peu de soin, n'est rien, car ils feraient périr infailliblement votre plante.

Si nous venons d'indiquer les insectes, les plus dangereux ennemis des œillets, il en est un bien plus redoutable, dont heureusement il est plus facile de se garer : ce sont les souris, qui sont on ne peut plus friandes de cette plante, dont elles rongent le cœur; visitez soigneusement l'endroit qui renferme vos plantes, bouchez les trous et prenez tous les moyens pour les préserver.

Nous possédons cette année 800 pots d'œillets de choix, que nous mettrons dans le commerce l'an prochain; nous offrirons 10,000 marcottes et 25,000 semis flamands pris sur les sujets les plus marquants et connus de Flandre.

Nous avons reçu encore une caisse de Berlin, contenant 25 œillets de choix, du plus riche horticulteur de Prusse, où l'œillet est aussi justement apprécié que l'était la tulipe en Hollande; aussi les théâtres des amateurs sont-ils entourés de grilles dont les *intervalles* sont encore défendus par un treillage, soit en fil de fer, soit en fil de laiton, et placé à plus d'un mètre du théâtre, de manière à ne pouvoir toucher que des yeux et ne pas faner les fleurs par le souffle.

Je vais me presser de multiplier ceux de ces œillets qui survivront et les mettrai dans le commerce s'ils en sont dignes, comme je le pense, car ils m'ont été envoyés par un digne ministre protestant qui est membre de plusieurs sociétés savantes et d'horticulture étrangère. Mais le mode d'emballage était si vicieux et l'espace si long à franchir, qu'ils sont arrivés dans un état déplorable. C'est cette raison qui m'a décidé à donner, avant de clore cet opuscule, le mode d'emballer les plantes, ce qui est indispensable pour les amateurs, afin de pouvoir faire avec fruit des échanges entre eux ou avec le commerce.

Du mode d'emballer les œillets et les conserver, quelque distance qu'ils aient à parcourir.

1° L'œillet doit être enlevé avec grand soin, soit à l'état de marcotte, soit à l'état d'œillet, car nous en expédions en tout temps, cette plante pouvant être replantée aussi en tout temps avec un peu de soin. Si c'est à l'état de marcotte, elle doit être coupée carrément sans endommager les racines ; 2° Un tuteur doit être mis à la plante ; il doit être en proportion avec elle ; ainsi, si vous expédiez vos œillets en marcottes (le mode le plus convenable sous tous les rapports), un petit bâton droit et mince comme une allumette de chanvre vous suffira ; vous y assujettissez la plante en bas et au centre par une légère ligature de laiche ou de fil ; 3° Envelopper la motte de mousse fraîche, mais non humide : nous entendons par fraîche, amassée nouvellement ; vous enveloppez le tout de papier fort, que vous assujettissez au col de la plante au moyen d'un plomb flexible portant votre numéro d'ordre du catalogue ; 4° Vos œillets ainsi disposés, vous les emballez dans une caisse en bois : cette caisse doit être plus longue que large ; ainsi les plus convenables sont celles de 53 centimètres de long sur 32 de large, car je suppose les marcottes de 25 à 30 centimètres de longueur, terme moyen de ce qu'elles ont toujours quand elles sont de choix et de bonne provenance ; 5° Les marcottes toutes préparées, comme il est dit plus haut, seront posées dans la caisse après qu'on aura préalablement placé au fond un lit de mousse sèche, toutes couchées les unes auprès des autres, la motte contre les parois formant la largeur, de sorte que les têtes des marcottes ou se regarderont, ou seront placées chacune à côté les unes des autres; le premier lit fait, vous en formez un autre, et ainsi de suite jusqu'à six. Vous remplissez le vide de cette mousse sèche, car si cette mousse était humide, elle communiquerait sa fraîcheur aux fanes des œillets, les jaunirait, quelle que soit la distance à parcourir, les pourrirait si elle était de quelque durée, et les perdrait sans retour si elle était longue. Vous serrez sur la partie des racines, de manière à ne pas laisser de vide entre elles ni de côté; 6° Vous clouez le couvercle dessus, avec la précaution, quand vous expédierez au loin, de percer le couvercle de quatre rangs de trous de 1 à 2 centimètres, pour donner de l'air à ces plantes; 7° Indiquer sur le couvercle le haut de la boîte, de manière que les facteurs des messageries, peu soigneux des plantes quand elles ne sont pas *recommandées* par leur adresse, mettent la caisse sur son plat au lieu de la mettre sur les côtés ou debout, ce qui serait pis encore, car elles contrarieraient les plantes, quelque bien emballées qu'elles eussent été; les secousses de la voiture feraient infailliblement descendre les plantes placées dans le haut sur celles du bas et les endommageraient l'une par l'autre; 8° Si l'on reçoit les plantes en hiver ou dans les premiers jours du printemps, et que, dans leur trajet, elles aient supporté quelques jours de gelée, on ouvrira la caisse et on ôtera la mousse superposée sur la première couche d'œillets, puis on placera le tout à la cave pendant 24 heures; de sorte que si vous recevez vos plantes à 10 ou 11 heures, vous les plantez le lendemain matin, en suivant le mode prescrit au rempotage.

PARIS. — IMPRIMERIE DE FAIN ET THUNOT,
Rue Racine, 28, près de l'Odéon.

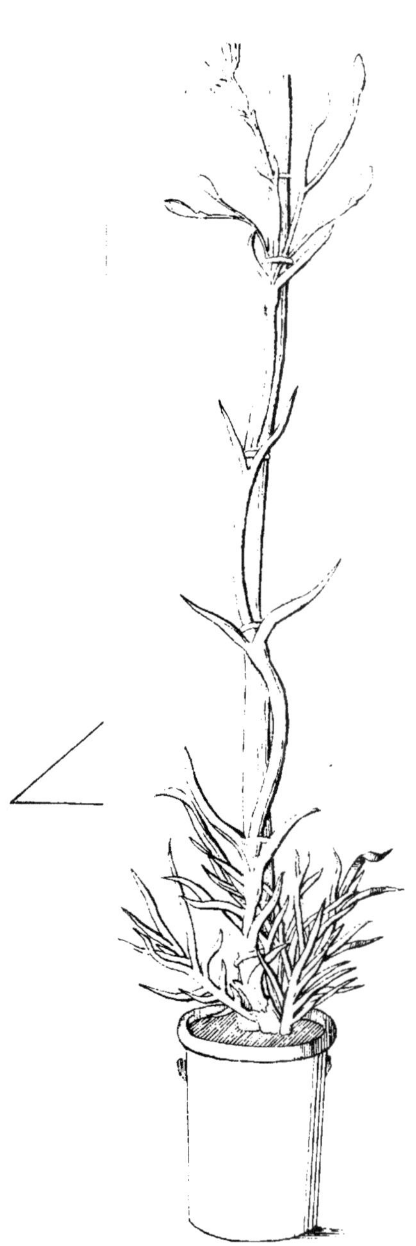

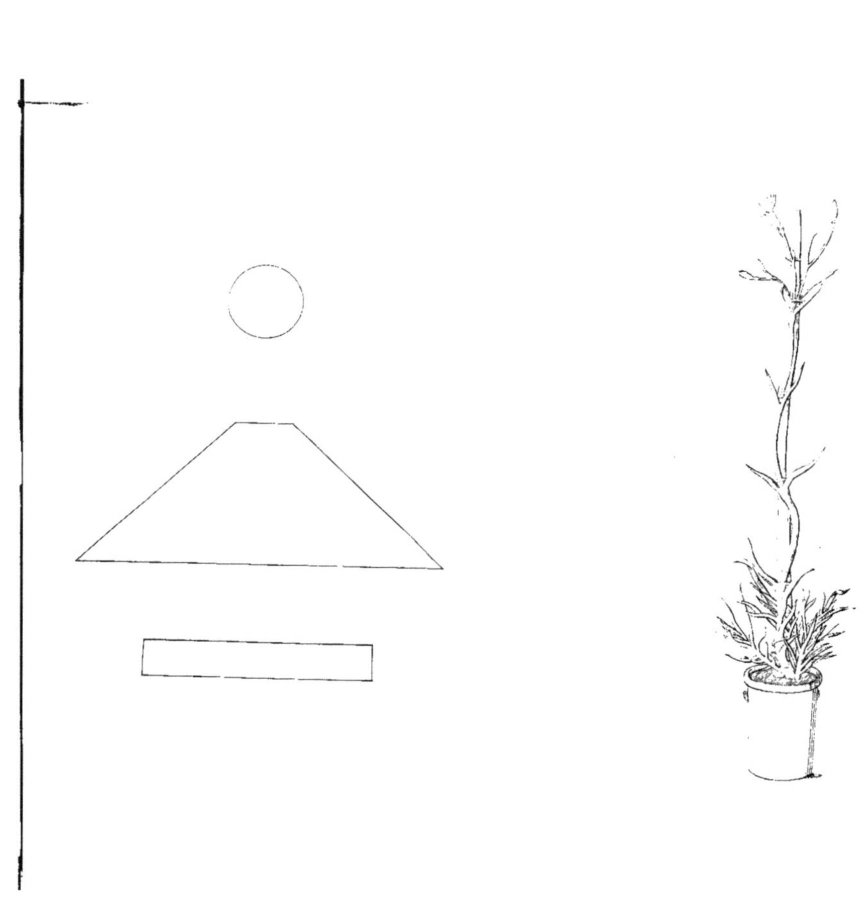

www.ingramcontent.com/pod-product-compliance
Ingram Content Group UK Ltd.
Pitfield, Milton Keynes, MK11 3LW, UK
UKHW020955180726
13838UKWH00003B/1343

9 782329 366623